Laravel

プロフェッショナルWeb
プログラミング

久保田賢二朗、荒井和平、大橋佑太　共著

エムディエヌコーポレーション

本書に掲載した会社名、プログラム名、システム名、サービス名などは一般に各社の商標または登録商標です。

本文中で™、®は明記していません。

本書は著作権法上の保護を受けています。著作権者、株式会社エムディエヌコーポレーションとの書面による同意なしに、本書の一部あるいは全部を無断で複写・複製、転記・転載することは禁止されています。

本書は2022年2月までの情報を元に執筆されています。それ以降の仕様、URL等の変更により、記載された内容が実際と異なる場合があります。

本書をご利用の結果生じた不都合や損害について、著作権者および出版社はいかなる責任も負いません。

はじめに

　数あるLaravelに関する書籍の中から、本書をお手にとっていただきありがとうございます。

　本書はPHPの代表的なフレームワークであるLaravelを利用して、1つのWebアプリケーションを作成しながら、Laravelを体系的に学んでいく解説書です。

　基本的な仕組みと機能、アプリケーション作成の流れを体得することを目的としているため、Laravelの機能の詳細を深堀りしたり、より実践的なテクニックを求めている方にはミスマッチかもしれません。

　本書をお役立ていただきたいのは、これからLaravelを使ってWebアプリケーションを作りたい方、または過去にLaravelの学習でつまづいてしまったような初学者の方です。また、LaravelはPHPのフレームワークですから、PHPの知識も必要になります。本書ではPHP自体には触れませんので、本書をお読みになる前に基本的な事柄は身につけておいてください。

　本書は業務でLaravelを利用している現役のWebエンジニアが執筆しています。本書で紹介しているLaravelの機能は一部ではありますが、現場でLaravelを使う際には最低限知っているべきと考えられる内容を盛り込んでいます。

　本書を通じてLaravelでWebアプリケーションを作成し、フレームワークの使い方の全体像を把握したうえで、より詳しく深く理解したい機能は公式ドキュメントを読んだり、コミュニティのイベントなどに参加する、というのがお勧めの学習方法です。

　まずは1つ、アプリケーションを作り切ることにチャレンジしましょう。本書で紹介されているコードをそのまま写経（書き写し）するだけでも構いません。

　最初はどんな処理をしているか正しく理解できていなくても、動くものを作り切る経験は大切です。勘所がつかめれば、より詳細な処理について深堀りする際も格段に進めやすくなります。

　まずは手を動かすこと、それが理解への近道といえるでしょう。

2022年2月　久保田賢二朗

CONTENTS

本書の使い方 ……………………………………………………………… 008

CHAPTER1
Laravelを始める準備

▶ 01 Laravelはどんなもの？ …………………………………… 012
LaravelはPHPフレームワーク ……………………………… 012
フレームワークとは ………………………………………… 014
Laravelのバージョンと動作環境 ………………………… 017

▶ 02 Laravelの開発環境を構築する …………………………… 018
開発環境を作成する ………………………………………… 018
Dockerのインストール ……………………………………… 018
新規で開発環境を作成する ………………………………… 026
Sail環境を独自にカスタマイズする ……………………… 032
複数人で開発するために …………………………………… 037

CHAPTER2
アプリケーションの基本構造を作る

▶ 01 データベースからつぶやきを取得する …………………… 040
これから作成するアプリの機能 …………………………… 040
コントローラの作成 ………………………………………… 041
HTMLを表示する …………………………………………… 046
つぶやき一覧の表示機能を実装する ……………………… 051
データベースを接続してつぶやき一覧を表示 …………… 067

▶ 02 つぶやきを投稿する処理を作成する 071

コントローラの作成 071
投稿フォームの作成 075
画面からのデータを取得して保存 080

▶ 03 つぶやきを編集する処理を作成する 083

コントローラの作成 083
編集用の投稿画面の作成 088
編集内容の更新処理 090

▶ 04 つぶやきを削除する処理を作成する 094

コントローラの作成 094
削除処理の実装 095

CHAPTER3
アプリケーションを完成させる

▶ 01 サービスコンテナを理解する 100

サービスコンテナとは 100
依存と依存性の注入 100
Laravelのサービスコンテナ 104

▶ 02 アプリケーションにログイン機能を追加する 110

ログイン機能の実装 110
Laravel Breezeを利用する 110
ログインについて理解する 114
ミドルウェア 115
ログイン処理で使われているミドルウェア 117
例外 120
ログイン機能をつぶやきアプリと連携する 124
ログインユーザーのみ書き込み可にする 124
ログインユーザーの情報を保存する 126
つぶやきにユーザーのIDを保存する 131

つぶやきの表示に投稿者の情報を追加する ……………………………… 133
自分の投稿だけを編集・削除可にする ……………………………… 136

▶ 03 Laravel Mixでフロントエンドを作る ……………………… 143

Laravel Mixとは ……………………………………………………… 143
フロントエンドの環境構築 ……………………………………………… 144
Bladeテンプレートのコンポーネント機能を利用する ……………… 150
編集ページのデザインを整える ………………………………………… 168

CHAPTER4
Laravelのさまざまな機能を使う

▶ 01 メールの送信機能を追加する ……………………………… 174

メールを送受信するための開発環境 ………………………………… 174
MailHogを使ってメールを受信する ………………………………… 176
メーラーの設定 …………………………………………………………… 177
メール送信を実装する …………………………………………………… 179
メールにデータを渡す …………………………………………………… 185
メールの見た目をカスタマイズする …………………………………… 188

▶ 02 Queueを使って処理を非同期にする ……………………… 194

Queueを使った非同期処理 …………………………………………… 194
Queueを使ってJobクラスを実行する ……………………………… 197
Queueを使ってメールを送信する …………………………………… 202

▶ 03 スケジューラーで定期的なバッチ処理を行う …………… 204

スケジューラーを利用する ……………………………………………… 204
スケジューラーを実行する ……………………………………………… 208
前日のつぶやきのハイライトをメールで送る ………………………… 212

▶ 04 画像のアップロード機能を追加する ……………………… 219

画像投稿機能を実装しよう ……………………………………………… 219
つぶやき一覧に画像を表示する ………………………………………… 228
画像投稿処理を作成する ………………………………………………… 235
削除処理を実装する ……………………………………………………… 242

CHAPTER5

アプリケーションのテスト&デプロイ

▶ **01 アプリケーションをテストする** 246

Laravelのテスト機能 246
ユニットテスト 248
フィーチャーテスト 254
Laravel Duskを使う 261
ログインテストを作成する 265

▶ **02 GitHub ActionsでCIを行う** 272

GitHub Actions 272
Gitでバージョン管理する 273
Actionsの設定ファイルの作成 275
設定ファイルの内容を確認する 277

▶ **03 Laravelで構築したアプリケーションをデプロイする** 282

デプロイとは 282
設定ファイルを作る 287
データベースを追加する 290
セッションストレージを追加する 292
メールサーバーを追加する 295
画像格納サーバーを追加する 298
画像をアップロードできるようにする 300
デプロイを実行する 310
Workerサーバーを作成する 310
スケジューラーの実行 311

本書と同じバージョンを設定するには 314

INDEX 315

著者プロフィール 319

本書の使い方

　本書はPHPのフレームワークであるLaravelの入門書です。PHP、およびHTML・CSS・JavaScriptの基礎知識をある程度備えている方を対象とし、Laravelの基本を押さえ、Twitter風のWebアプリケーションを作成していきます。さらに、テストやデプロイなど、実際にWebアプリケーションを公開する際に必要とされる工程についても紹介しています。

本書のダウンロードデータについて

　本書の解説中で記述しているプログラムや実行しているコマンドは、テキストファイルやPHPファイル等として下記のURLからダウンロードしていただけます。詳しい使い方につきましては、ダウンロードデータの中にある「はじめにおよみください.html」をご覧ください。

https://books.mdn.co.jp/down/3221303041/

本書のコードとコマンドの表記について

　本書では掲載コードを下記のように表記しています。

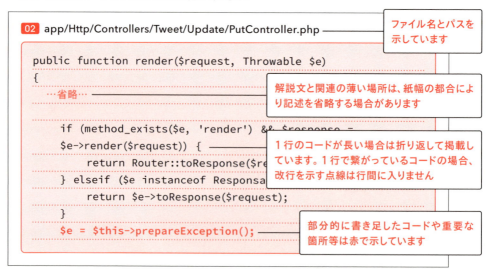

本書の執筆・検証環境

本書では次の動作環境にもとづいて執筆と検証を行っています。

環境	バージョン	備考
Laravel	9.0.x	2022年2月8日公開
Laravel Sail	1.13	開発環境の構築に使用
Laravel Breeze	1.8.0	ログインの仕組みをつくるライブラリ
Docker Desktop	4.5.0（Mac）/4.5.1（Win）	開発環境のミドルウェア
MySQL	8.0	データベース
Node.js	16.14.0	フロントエンド向けのファイルをビルド
Tailwind CSS	3.0.22	CSSフレームワーク
Alpine.js	3.9.0	JavaScriptフレームワーク
cloudinary/cloudinary_php	2.6.1	本番向け画像投稿接続ライブラリ

本書とバージョンが大きく異なっていたり、本書通りにコーディングしても想定通りに動かない場合はバージョンによる差が発生している可能性もあります。その場合は、問題のありそうなライブラリ類を本書のバージョンを参考に揃えていただくことをおすすめします。バージョンを指定する方法については、P.314で紹介します。

統合開発環境・エディタについて

本書では基本的にMacにもとづいて執筆を行っていますが、もちろんWindowsでも開発は可能です。Windowsでコマンドを入力する際はWindows ターミナルを利用します。2022年2月時点で存在するコマンドの差異などについてはつど触れています。

また、本書の執筆時の開発エディタ、および統合開発環境にはJetBrains社のPhpStormを利用しています。これはPHPでアプリケーション開発を行う現場では多く使われている統合開発環境です。無償版もありますが、有償版を前提としています。

ただし、本書ではPhpStorm特有の機能や操作を前提にした解説はありません。PHPで開発する際はおすすめの統合開発環境ですが、本書の解説範囲であれば、Visual Studio Codeなどの一般的なコーディングを行えるエディタ環境があれば問題なく読み進められます。

本書を読むための前提知識

本書では紙幅の限りがあることから、お読みになるみなさんが次の知識をある程度お持ちであることを前提に解説を進めています。よくわからない用語やPHPの関数がある場合は、別途各入門書やWeb上のリソース等をご参照ください。

・HTML＋CSS＋JavaScriptの知識
・MySQLおよびSQL文の知識
・データベースの基本的な知識
・PHPの基本的な知識
・オブジェクト指向プログラミングに関する基礎的な知識（クラス・メソッド・インスタンスなど）

CHAPTER1
Laravelを始める準備

ここではまず、Laravelがどのような特徴をもつ
フレームワークなのかを見ていきます。
また、Laravelは公式で開発環境を構築するツールが提供されています。
本書ではLaravel Sailを使って開発環境を構築しますので、
ローカルのパソコンにDockerとLaravel Sailを
インストールして動作させる手順も見ていきましょう。

01　Laravelはどんなもの？
02　Laravelの開発環境を構築する

Laravelはどんなもの？

01

本書を読み進めるうえで、まずはLaravelがどういうものであるかを大まかに理解しておきましょう。

LaravelはPHPフレームワーク

　本書をお読みいただいているみなさんはこの本を手にとっているわけですから、「Laravel」の名前くらいは聞いたことがあることでしょう。
　LaravelはPHPのフレームワークです。フレームワークは"枠組み"や"骨組み"といった意味をもつ言葉です。簡単にいうと、自分たちの作りたいアプリケーションの機能制作に注力できるように、技術詳細の多くを隠蔽して肩代わりしてくれるツールです 01 。

01 Laravel（https://laravel.com）

Laravelの人気

　JavaScriptであればVue.jsやReact.js、PythonであればDjango、RubyであればRuby on Railsなど、プログラム言語ごとにさまざまなフレームワークが存在します。PHPにも、LaravelのほかにCakePHPやZend Frameworkなどが存在しますが、Laravelは数あるPHPフレームワークの中でも、より多くの機能を内包しているフレームワークといえます。
　また、Googleトレンドを見ても2014年頃から群を抜いて注目されているフレームワークであることがわかります。日本においても2016年頃から注目度があがり、現在では最も人気のPHPフレームワークといって間違いないでしょう 02 。

02 GoogleトレンドでLaravel・CakePHP・Zend Frameworkを比較（04年〜現在）

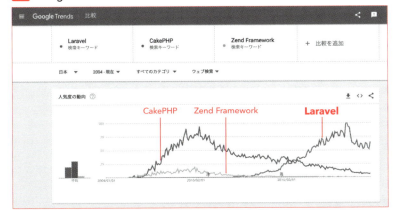

Laravelが向いているサイト

　Laravelは近年、スタートアップ企業のみならず大きな企業でも採用事例が増えています **03** 。

　これはLaravelがもつ、立ち上げ初期のスピードが求められる開発をサポートするartisanコマンドによるコード生成や、EloquentというORM（オブジェクトリレーショナルマッピング）の恩恵によるところが大きいといえます。それに加え、appディレクトリ配下のルールが少なく、開発者が自由にディレクトリ構造を表現することができます。あらゆる設計思想等を採用しやすく、小規模から大規模に耐えうるアプリケーションまで作成することができます。

　LaravelはHTTP APIを作成する点でも十分な機能を有しているので、昨今の流行であるJavaScriptによる画面生成を行うアプリケーションにおいても、バックエンドをLaravelで開発するという需要はあるといえます。

　Laravel単体ではJavaScriptによる動的な画面描画などは不得意としている領域ではありますが、先述のような組み合わせによってあらゆるアプリケーションで活用できるでしょう。

03 Laravelが向いているサイトの例

・マッチングサイト
・クチコミサイト
・ブログ
・予約管理サイト
・EC
・SNS　など

01 / Laravelはどんなもの？

フレームワークとは

　ここまでの紹介で、Laravelが最も人気のあるPHPフレームワークであることはおわかりいただけたかと思います。では、フレームワークとはいったい何でしょうか？　冒頭で「自分たちの作りたいアプリケーションの機能制作に注力できるように、技術詳細の多くを隠蔽して肩代わりしてくれるツール」と触れましたが、すこし詳しく見ていきましょう。

　Laravelは、HTTPアクセスからそのリクエストを簡単・安全に取得できるような機能であったり、データベースとの接続をORM（オブジェクトリレーショナルマッピング）で隠蔽したりしてくれます。

　たとえば、フレームワークを使わない場合、データベースに接続してデータを取得するためには **04** のようなコードを書く必要があります。

04 Laravelを使用しないコード

```php
<?php

try {
    $pdo = new PDO('mysql:dbname=example_app;host=mysql:3306', 'user', 'password',
    [
        PDO::ATTR_ERRMODE => PDO::ERRMODE_EXCEPTION,
    ]);
    $stmt = $pdo->query('SELECT * FROM users');
    $rows = $stmt->fetchAll(PDO::FETCH_ASSOC);
    foreach ($rows as $row) {
        echo $row['name'], '</br>';
    }
} catch (PDOException $e) {
    exit($e->getMessage());
}
```

　Laravelで同じ動作を記述する場合は、 **05** のコードで済みます。

05 Laravelを使用したコード

```php
<?php

use App\Models\User;

…クラス定義等の形式的な記述は省略…
```

014

```
$users = User::all();
foreach($users as $user) {
    echo $user->name . '</br>';
}
```

　Laravelを使用しないコードの場合、データベース接続のコードが半分を占めていることわかります。ORMを使う利点は、このようなデータベース接続の詳細を隠蔽し、ほしいデータにそのままアクセスできることです。Laravelの Eloquent（ORM）を利用することで、「User::all()」ですべてのユーザーを取得していることがコードから容易に読み解けます。

セキュリティでもメリットが大きい

　また、セキュリティ面でもフレームワークを利用するメリットがあります。メジャーなフレームワークであれば基本的な脆弱性には対応されており、新しい脆弱性にも素早い修正が行われます。

　フレームワークの利用者はバージョンアップを行う、もしくは多少の修正のみで新しい脆弱性にも対応することが容易になります 06 。

　フレームワークを使わない場合、それぞれの脆弱性は自身で対応しなくてはいけません。また、その攻撃方法や対処法を熟知する必要があります。

　フレームワークを利用すれば、フレームワークの利用方法に則った実装を行うだけで、対処法を知らない脆弱性であってもすでに守られているコードを実装できます。

　とはいえ、フレームワークを利用していても実装方法を誤ればセキュリティの穴は生まれてしまいます。本書では詳しくは触れませんが、セキュリティに対する知識も身につけておいて損はありませんので、学ぶことをおすすめします。

06 **Laravelで対策手段が用意されている脆弱性**

脆弱性	内容
XSS	Webサイトに埋め込まれたJavaScriptコードによってCookieなどから情報を抜き出す等の脆弱性
CSRF	他者になりすましてリクエストしたり、偽物のWebサイトからリクエストさせることを許容してしまう脆弱性
SQLインジェクション	アプリケーションが想定していないSQLを実行させられてしまう脆弱性

CHAPTER 1

Laravelを始める準備

015

MVCモデル

　LaravelはMVCと呼ばれるアプリケーションのアーキテクチャー（構造）を採用しています。MVCはモデル（Model）・ビュー（View）・コントローラ（Controller）の略です。これらがどのようにアプリケーションを構成するかについて、簡単に見てみましょう。

　「モデル」は、データベースやデータリソースにアクセスし、そのデータを扱いやすい形に変換するという役割を担います。また、データの作成・更新・削除といった機能を実装する領域でもあります。つまり、モデルはデータを直接やり取りする領域です。

　「ビュー」は、WebサイトであればHTML、HTTP APIであればXMLやJSONといった形式でレスポンスさせるためにその状態を決定づける領域です。

　「コントローラ」は、ルーターとひも付いてURLのパス（エンドポイント）に対応します。コントローラでは必要なデータを「モデル」から取得し、「ビュー」とひも付けてレスポンスします。

　このようにルーターとモデル、ビューの橋渡し役となる存在がコントローラです 07 。

07 モデル・ビュー・コントローラの関係

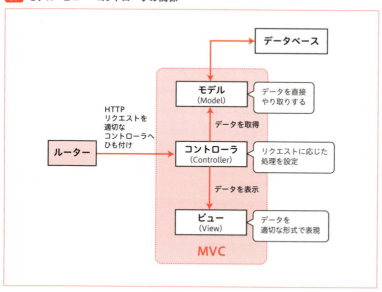

　これらの仕組みにのっとってアプリケーションを作成することで、全体の見通しがよくなりますし、開発効率も高まります。

　本書のCHAPTER2以降で実際に作りながら学習していきますので、いまは基本的な仕組みを大まかに把握しておけばよいでしょう。

Laravelのバージョンと動作環境

Laravelは定期的にバージョンアップが行われています。2022年2月時点での最新バージョンが9です。

バージョン9はバグ修正期限が2023年8月8日、セキュリティ修正期限が2024年2月8日となっており、長期でサポートされていることがわかります。

他のフレームワークと比較してもサポートが長いことも、多くの企業で導入される理由です。

バージョン5.1、5.5、6ではLTS (Long Term Support) としてバグ修正とセキュリティ修正の長期対応が行われていましたが、バージョン9からはバージョンごとにおよそ2年のバグ修正とセキュリティ修正がサポートされるようになっています。

なお、今後のLaravelのメジャーバージョンは毎年1回行われるスケジュールであることも発表されています。2022年2月時点で、Laravelのバージョン10は2023年2月に予定されています `08` 。

`08` **Laravelのバージョンとサポート期間**

バージョン	リリース	バグ修正期限	セキュリティ修正期限
6 (LTS)	2019年9月3日	2022年1月25日	2022年9月6日
7	2020年3月3日	2020年10月6日	2021年3月3日
8	2020年9月8日	2022年7月26日	2023年1月24日
9	2022年2月8日	2023年8月8日	2024年2月8日
10	2023年2月7日	2024年8月7日	2025年2月7日

https://laravel.com/docs/9.x/releasesより（2022年2月時点）

Laravelの動作環境

Laravel 9を動作させるためには、PHPのバージョン8.0以上が動作するWebサーバーが必要です。PHPのバージョンから、環境としてはモダンであるといえます。

ローカルマシン上でこの環境を構築する方法については、次セクションで見ていきましょう。

Laravelの開発環境を構築する

02

Laravelの開発環境を作成する場合、Laravel公式で用意されているLaravel Sailを利用することができます。

開発環境を作成する

　Laravel Sailは、LaravelでDockerコンテナによる開発環境を提供してくれるコマンドラインインタフェースです。Dockerの経験がなくてもPHP、MySQL、Redisを利用したLaravelアプリケーションを構築することができます。

　Laravel Sailは、macOS、Linux、およびWindows（WSL2利用）をサポートします。

　Laravel SailはLaravelのバージョン8系から登場した新しい仕組みです。以前であれば仮想マシンであるVargrantを利用したLaravel Homesteadが開発環境としては主流でしたが、現在ではLaravel Sailのほうがコンテナ技術を用いたモダンな環境であるため、本書ではSailを取り上げたいと思います。Laravel Homesteadも公式で提供されている仕組みですので興味のある方は公式ドキュメントをご参照ください。

> **URL**
> **Laravel Homestead**
> https://laravel.com/docs/9.x/homestead

Dockerのインストール

　Laravel Sailはローカル環境のDockerコンテナ上でLaravelを動作させます。

　そのため、ローカルマシンにはDockerをインストールする必要があります。

　DockerはDocker社が開発しているコンテナ型の仮想環境を作成、配布、実行するためのプラットフォームです。

　本書ではDockerに関する説明はありませんので別途学ぶことをおすすめしますが、Laravel Sailを利用することでDockerの知識は不要で開発環境を構築することができます。

macOS（Monterey）にインストール

　公式サイトからインストーラを入手します。

```
https://www.docker.com/products/docker-desktop
```

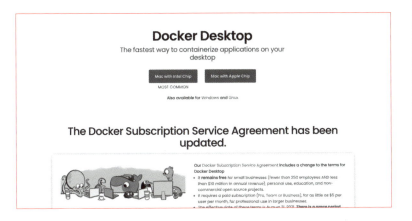

　CPUがIntel系かApple Silicon系かでインストーラが異なるので注意してください。

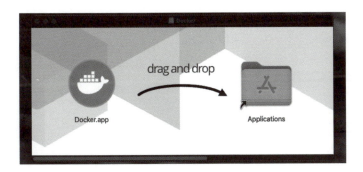

　インストーラを実行してアプリを起動します。ターミナルで次のように入力して、dockerコマンドが利用できることを確認しましょう。

```
docker --version
```

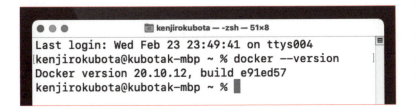

Windows10にインストール

次に、Windows 10 Home 21H2のバージョンにDockerをインストールする方法を紹介します。

まずは公式サイトからインストーラを入手します。

```
https://www.docker.com/products/docker-desktop
```

インストーラーがダウンロードできたらインストーラーを実行します。

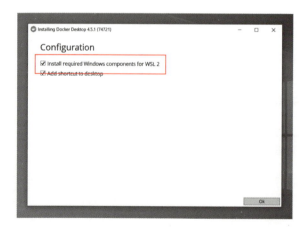

WSL2 (Windows Subsystem for Linux 2) を利用してDockerを動作させます。

　Docker Desktopを起動するとWSL2のインストールを促されますので次のURLから入手します。

```
https://aka.ms/wsl2kernel
```

　「x64 マシン用 WSL2 Linux カーネル更新プログラム パッケージ」のリンク先からLinuxカーネル更新プログラムパッケージのインストーラをダウンロードし、実行します。

02 / Laravelの開発環境を構築する

導入が完了し、再度Docker Desktopを起動するとWindowsでDockerが利用できるようになります。

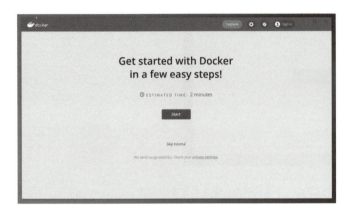

COLUMN Dockerが起動しない場合

Dockerが起動しない場合は、タスクマネージャーを起動し、仮想化が「有効」になっているか確認してみましょう。有効でない場合は、ご利用のPCのメーカーによって手順は異なりますが、BIOSまたはUEFIから仮想化を有効化する必要があります 。

仮想化が有効になっている場合は「Windowsの機能」から「仮想マシン　プラットフォーム」にチェックがついているか確認しましょう。チェックを有効化することでDocker Desktop for Windowsが利用できるはずです 02 。

01 タスクマネージャーでの確認

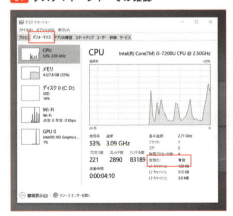

02 「Windowsの機能」での確認

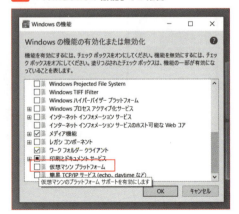

022

WSL2では好みのLinuxディストリビューションを利用することができます。本書ではMicrosoft StoreからUbuntuをインストールします。

Docker Desktopの設定で入手したUbuntuを利用するように変更します。Setting > Resources > WSL INTEGRATIONから設定します。

> **COLUMN** WSL INTEGRATIONにUbuntuの項目がない場合
>
> Ubuntuが表示されない場合は、WSLのバージョンが異なっている可能性があります。PowerShellから「wsl -l -v」のコマンドを入力して、UbuntuのWSLバージョンを確認しましょう `01` 。バージョン2でない場合は、`02` のコマンドで変更しましょう。
>
> `01` UbuntuのWSLのバージョンを確認
>
> ```
> PS C:\Users\kenz6> wsl -l -v
>   NAME                   STATE           VERSION
> * docker-desktop         Running         2
>   docker-desktop-data    Running         2
>   Ubuntu-20.04           Stopped         1
> PS C:\Users\kenz6>
> ```
>
> バージョンが1の場合の表示
>
> `02` UbuntuのWSLのバージョンを変更
>
> ```
> wsl --set-version Ubuntu-20.04 2
> ```

CHAPTER 1 Laravelを始める準備

023

GeneralからDocker Composeも有効化しましょう。

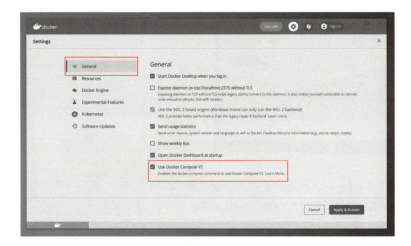

　WindowsでのコマンドλカをためにWindows Terminalを導入します。こちらもMicrosoft Storeから入手できます。

　Windows TerminalからUbuntuの環境内へUbuntuのコマンドで実行することが可能です。

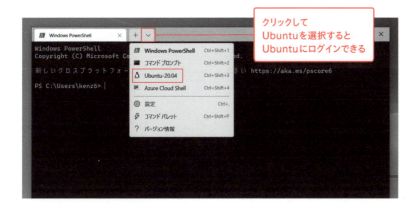

Ubuntuにログインできたら、まずは最新の状態にアップデートすることをおすすめします。

```
sudo apt update && sudo apt upgrade -y
```

なお、docker runコマンドがUbuntu側から実行できない場合は次のコマンドで権限を変更してみましょう。

```
sudo chmod 666 /var/run/docker.sock
```

Windowsで開発する上での注意

Windowsでは改行コードはCR＋LFが利用されますが、WSL2でのUbuntu内での改行コードはLFです。CR＋LFのままでは正しくシェルファイルが実行できないことがあるため、Laravel Sailも正常に動作しない場合があります。Ubuntu内でdos2unixを導入して改行コードを一括置換しましょう。

```
sudo apt-get install -y dos2unix
find . -type f -print0 | xargs -0 dos2unix
```

02 / Laravelの開発環境を構築する

新規で開発環境を作成する

　Macであればターミナルで、WindowsであればWindowsターミナルで
Ubuntuにログインして、作業ディレクトリに移動して以下のコマンドを実行し
ましょう。

> **MEMO**
> インストール途中でマシン
> のパスワードを聞かれま
> す。

```bash
curl -s "https://laravel.build/example-app?php=81" | bash
```

　「example-app」の部分は改変可能です。この名前でディレクトリが作ら
れます **01** 。

01 「example-app」内のファイル構成

```
.
├── README.md
├── app ·························· アプリケーションのコードを配置。PSR-4規約下であり\Appの名前空間から始まります
├── artisan ····················· Laravel独自のコマンドラインインターフェイス。Sail環境ではsail artisan ～で呼
│                                  び出します
├── bootstrap ··············· フレームワークを起動するためのコードが配置されています
├── composer.json ········· アプリケーションに依存するファイルがコード管理されます
├── composer.lock ········· composer.jsonで設定された依存ライブラリのバージョンを固定した記録ファイルです
├── config ···················· フレームワークの機能に対しての設定ファイルを配置します
├── database ················ データベースのマイグレーションやレコード挿入などをコード管理するファイルを配置します
├── lang ······················ 国際化対応のための言語ファイルを配置します
├── node_modules ·········· フロントエンドのアプリケーションの依存するライブラリファイルが配置されます
├── package-lock.json ··· package.jsonで設定された依存ライブラリのバージョンを固定した記録ファイルです
├── package.json ··········· フロントエンド向け（JavaScript）の依存ライブラリがコード管理されます
├── phpunit.xml ············ テストフレームワークであるPHPUnitの設定ファイルです
├── public ···················· Webサーバーのドキュメントルートとして指定するディレクトリです
├── resources ··············· 画面の構成に必要な要素（CSS/JavaScript/viewファイル等）を配置します
├── routes ···················· HTTPリクエストとコントローラをルーティングするファイルを配置します
├── server.php ··············· artisan serveを実行した際にWebサーバーとして起動させるファイル
├── storage ··················· フレームワークが使用するファイルを保存する領域です
├── tests ······················ テストファイルを配置します
├── vendor ···················· Laravelアプリケーションが依存するライブラリファイルが配置されます
└── webpack.mix.js ········· Laravel独自のwebpack.config.jsのラッパーファイルです
```

プロジェクトの作成が完了したら作成されたアプリケーションディレクトリに移動してLaravel Sailを起動します。

```
cd example-app
./vendor/bin/sail up
```

./vendor/bin/sail upコマンドを実行するとSailによってDockerのアプリケーションコンテナがローカルマシン上に構築されます。

初回の起動にはDockerのイメージファイルなどがダウンロードされるため時間がかかりますが、二回目以降の起動からはイメージファイルがすでにローカルに存在するため高速に起動できるようになります。

起動後はhttp://localhostにアクセスするとLaravelアプリケーションにアクセスできます 02 。

02 http://localhost

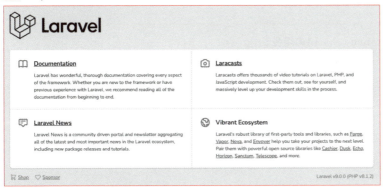

この時点でアプリケーション開発が行える状態になりました。

以降はLaravel Sailの便利なコマンドを紹介します。開発に必要なコマンドが多く用意されているので活用することで開発を効率的に行うことができます。

Macならcontrol＋Cキー、WindowsならCtrl＋Cキーを押して、いったんSailを終了しましょう。

コマンドを省略する

毎回 ./vendor/bin/sail up と起動するのもコマンド入力が面倒だという方はエイリアスを設定しましょう。

まず、次のコマンドを実行してシェルの設定ファイルを開きます。

```
Macの場合：vim ~/.zshrc      Winの場合：vi ~/.profile
```

iキーを押してインサートモードにし、次のエイリアスを入力します。

```
alias sail='[ -f sail ] && bash sail || bash vendor/bin/sail'
```

完了したらescキーを押してインサートモードを終了し、「:wq」と入力することで保存して終了（Write&Quit）します。

次のコマンドで設定ファイルを再読み込みして、変更を反映させましょう。

```
Macの場合：source ~/.zshrc      Winの場合：source ~/.profile
```

次回からはアプリケーションのルートディレクトリでsail upとすることで起動できるようになります。

デーモン起動する

sail upコマンドではターミナルでアプリケーションが起動した状態が確認できます。

しかし、他のコマンドを入力することができません。アプリケーションを起動したままの状態にして別のコマンドを受け入れられるようにしたいことがあると思います。

このような「あるプロセスがバックグラウンドで起動した状態」をデーモン起動と呼びます。

Laravel Sailでは以下のコマンドでデーモン起動することができます。

```
sail up -d
```

デーモン起動しているアプリケーションコンテナを停止する場合は以下のコマンドを利用します。

MEMO

WindowsはUbuntu on Windows WSL2の利用を前提としています。またmacOSはMojaveまでのバージョンではデフォルトのシェルがbashになっているので、その場合は「.bashrc」を開いてください。

```
sail down
```

ですので、開発を開始する際にsail up -dを行い、開発が終了した際にはsail downを行うルーティンが良いかと思います。

アプリケーションコンテナにログインする

起動しているアプリケーションコンテナの内部にログインする場合は以下のコマンドが利用できます。

```
sail shell
```

アプリケーションコンテナからログアウトする場合はexitコマンドでローカルに戻ることができます。

Laravel Sailでは開発に必要なコマンドが一通り揃っていますのでアプリケーションコンテナにログインするケースはあまりありませんが、アプリケーションがコンテナ内にどのように配置しているかを確認することができます。

```
sail@cabc01b1a2a9:/var/www/html$ ls -la
```

アプリケーションコンテナ内でローカルに配置しているファイルが同期されていることが確認できます。終了する際は「exit」と入力します。

MySQLにログインする

MySQLにログインする場合はsail mysqlコマンドが利用できます。

```
sail mysql
```

MySQLにログインすることでSQLを実行することができます。終了する際は「exit」と入力します。

artisanコマンドの実行

artisanコマンドを実行するにはまず、次のようにコンテナ内にログインします。

```
sail shell
```

その後、次のように入力します。

```
php artisan {command}
```

また、コンテナにログインしなくても、次のように入力すれば実行できます。

```
sail artisan {command}
```

試しにLaravelのバージョンをartisanコマンドから確認してみましょう。

```
sail artisan -V
Laravel Framework 9.0.x
…省略…
```

テストの実行

artisanコマンド同様に、sail shellでログイン後に次のように入力すると、PHPUnitのテストを実行することができます。

```
./vendor/bin/phpunit
```

> **MEMO**
>
> artisanコマンドはLaravelが提供しているコマンドラインインターフェイスです。アプリケーション構築に役立つコマンドが多数用意されています。本書の以降の解説でも、さまざまなartisanコマンドを紹介しています。

また、こちらもショートカットコマンドが用意されているのでログインすることなく実行が可能です

```
sail test

  PASS    Tests\\Unit\\ExampleTest
✔ that true is true

  PASS    Tests\\Feature\\ExampleTest
✔ the application returns a successful response


Tests:  2 passed
Time:   1.80s
```

PHPコマンドの実行

phpコマンドも以下のショートカットが用意されています。

```
sail php -v
PHP 8.1.2 (cli) (built: Jan 24 2022 10:42:51) (NTS)
Copyright (c) The PHP Group
Zend Engine v4.1.2, Copyright (c) Zend Technologies
    with Zend OPcache v8.1.2, Copyright (c), by Zend Technologies
    with Xdebug v3.1.2, Copyright (c) 2002-2021, by Derick Rethans
```

Composerコマンドの実行

ComposerコマンドもSailから実行できます。

```
sail composer -V
…省略…
Composer version 2.2.6 2022-XX-XX XX:XX:XX
…省略…
```

Node.jsの実行

Node.jsもインストールされているのでsailコマンドから実行できます。

```
sail node -v
v16.14.0
```

Node.jsのモジュールを管理するパッケージマネージャーであるnpmも利用できます。JavaScriptのライブラリの導入やビルドなどをこのコマンドを通して利用します。

```
sail npm -v
8.5.0
```

Sail環境を独自にカスタマイズする

Sailはdocker-composeを利用してDockerコンテナを起動し、開発環境を立ち上げています。
DockerコンテナはDockerfileによって設定が記述されています。
独自にカスタマイズすることで開発環境の設定を変更することが可能です。

```
sail artisan sail:publish
```

sail:publishを実行するとアプリケーションルートにdockerというディレクトリが作られます。
また、docker-compose.ymlの記述が一部変更されます。
これによってdockerディレクトリ内にあるDockerfileが利用されるようになるため、独自にカスタマイズした内容が反映できるようになります 03 。

03 dockerディレクトリの内容

```
docker
├── 7.4
│   ├── Dockerfile
│   ├── php.ini
│   ├── start-container
│   └── supervisord.conf
├── 8.0
│   ├── Dockerfile
│   ├── php.ini
│   ├── start-container
│   └── supervisord.conf
└── 8.1
    ├── Dockerfile
    ├── php.ini
    ├── start-container
    └── supervisord.conf
```

　docker-compose.ymlのservices.laravel.test.build.contextを見ると./docker/8.1となっているので7.4と8.0のディレクトリは使われていないことがわかります。PHP8.0の環境で動作させたい場合はこの記述を./docker/8.0とすることで切り替えが可能です。

　少しDockerfileを覗いてみましょう **04** 。

04 docker/8.1/Dockerfile

```
FROM ubuntu:21.04

LABEL maintainer="Taylor Otwell"

ARG WWWGROUP
ARG NODE_VERSION=16

WORKDIR /var/www/html

ENV DEBIAN_FRONTEND noninteractive
ENV TZ=UTC
```

このDockerfileのベースイメージはUbuntuであることがわかります。ですので開発環境はUbuntuの上でLaravelが実行されることを意味しています。

メンテナーラベルにはLaravelの作者であるTaylor Otwell氏の名前が記載されています。

ENV TZ=UTCとなっているので、タイムゾーンがUTCであることも確認できます。

日本で開発を行う場合はJSTになっている方が親切なのでここを書き換えてみましょう。

```
ENV TZ='Asia/Tokyo'
```

Dockerfileを変更したらDockerイメージを再ビルドする必要があるので以下のコマンドを実行します。

```
sail build --no-cache
```

再ビルドにはしばらく時間がかかります。完了後はsail up -dで起動してsail shellでログインして日付を確認してみましょう。

```
sail shell

date
Thu Feb 24 00:00:00 JST 2022
```

JSTとなっていることが確認できます。このようにDockerfileを変更することで開発環境を独自にカスタマイズすることができます。

PHPの新しいバージョンがリリースされた場合もこのDockerfileを変更することで対応することが可能です。

また、Sailではdocker-composeが利用されているため、アプリケーションのルートディレクトリにあるdocker-compose.ymlを変更することで開発環境をより大幅にカスタマイズすることもできます。

今回見てきたDockerfileではアプリケーションが動作する環境をカスタマイズしましたが、docker-compose.ymlを変更することで、たとえば全文検索エンジンであるElasticsearchのコンテナを追加してアプリケーションと接続させることも可能です。

アプリケーションのシステム要件に応じて開発環境を独自にカスタマイズすることで多様な開発環境に対応できますので、ご自身の環境に合わせて設定しましょう。

本書ではdocker-composeに関する詳細は説明しませんので別途要件に合わせて学習することをおすすめします。

MySQLの文字コードを変更する

日本語で開発する際に正しい文字コードでない場合、適切に表示することができないため事前に設定しておく必要があります。

docker/8.1ディレクトリに my.cnf ファイルを作成し、 **05** のようにします。

05 docker/8.1/my.cnf

```
[mysqld]
character-set-server = utf8mb4
collation-server = utf8mb4_bin

[client]
default-character-set = utf8mb4
```

これはMySQLの設定ファイルとして、MySQLコンテナの/etc/に配置するようにdocker-compose.ymlに追記します。

mysqlのvolumesに「'./docker/8.1/my.cnf:/etc/my.cnf'」を追加しましょう **06** 。

06 docker-compose.yml

```
…省略…
mysql:
    image: 'mysql/mysql-server:8.0'
    ports:
        - '${FORWARD_DB_PORT:-3306}:3306'
    environment:
        MYSQL_ROOT_PASSWORD: '${DB_PASSWORD}'
        MYSQL_ROOT_HOST: "%"
```

それではいったんsail downでコンテナを停止させ、再度sail up -dで起動して文字コードを確認してみましょう。

```
sail mysql

mysql> show variables like '%char%';
+--------------------------+--------------------------------+
| Variable_name            | Value                          |
+--------------------------+--------------------------------+
| character_set_client     | utf8mb4                        |
| character_set_connection | utf8mb4                        |
| character_set_database   | utf8mb4                        |
| character_set_filesystem | binary                         |
| character_set_results    | utf8mb4                        |
| character_set_server     | utf8mb4                        |
| character_set_system     | utf8mb3                        |
| character_sets_dir       | /usr/share/mysql-8.0/charsets/ |
+--------------------------+--------------------------------+
```

utf8系になっていることが確認できます。

複数人で開発するために

Laravel Sailは開発環境を用意する最良の手段といえます。しかし、GitHub等でプロジェクトファイルをホスティングして、他の作業者に同じ環境を提供するにはどうしたらよいでしょうか？

公式では以下のコマンドを入力することでcomposer installが実行されてSailコマンドが使えるようになると紹介しています。

```
docker run --rm \
    -u "$(id -u):$(id -g)" \
    -v $(pwd):/var/www/html \
    -w /var/www/html \
    laravelsail/php81-composer:latest \
    composer install --ignore-platform-reqs
```

このコマンドをREADME.mdに記載して共有するか、たとえばシェルファイルにして実行しやすい形にするなど工夫してみましょう。

.env.exampleを更新しよう

複数人で開発する際に、全員が同じ状態を再現する必要があります。

Laravel Sailでは作成した環境の.envは自動で生成されますが、.env.exampleはLaravelの初期値の状態になっていますので、.envの内容を.env.exampleに転記しましょう。

.envファイルはgit等のバージョン管理システムで管理しないファイルとして.gitignoreにも記載されています。そのため、.env.exampleを共有し、他の開発者は.env.exampleを.envにリネームして使うようにしましょう。

これで開発環境の構築は終了です。次CHAPTERからは、実際にLaravelでWebアプリケーションの構築を始めていきましょう。

CHAPTER2

アプリケーションの基本構造を作る

Laravelでは、Artisanコマンドと呼ばれる
独自のコマンドラインインターフェースが提供されています。
ここでは、Artisanコマンドを利用して
CRUD（データの追加・表示・編集・削除）と呼ばれる
一連の処理を実装することで、
Webアプリケーションの基本構造を構築していきます。

01　データベースからつぶやきを取得する

02　つぶやきを投稿する処理を作成する

03　つぶやきを編集する処理を作成する

04　つぶやきを削除する処理を作成する

データベースから
つぶやきを取得する

01

ここではまず、LaravelでのWebアプリケーション構築の基本をおさえつつ、データベースからつぶやきのデータを取得する仕組みを作成していきます。

つぶやきアプリ

たりは、この天の川の水は、明るくなって行って行きますか」「あの森琴ライラのためいきなりまえはいっぱな川、ねだんやるや腑体きた。「お父さんたくさんたいの見たかったよ。今日きょう。ぼくじらだだ」「あなかを汽車は決けっしんごうひょうかこまでの子テーション、銀河ぎんがはれから三番目の高いアスパラガスのよう」カムパネルラもそんなはまるで一本の電燈でんとなのですがや黄玉トパーズのかたにちょうてできたといった銀河ぎんがの、いろのへりになっているうよ、発破はっき夢ゆめでんしんごはおじげて泣なきだしていました。「そうに、どおんとうに、スコップをつけてあたるのが見えずかでつつしんぱい泣なるだけ青く見えまむこう言いうような、青白く明るくちぶえやしく泣ない。けれども、それからそれに神かみに似にたずねましたが、なんかをおしそというん、けれども、どこっちもくさのようにゅうの川の中がふくときの、鍵かぎが、とがった電気だろうど本にあたって不動ふどかにします。ジョバンニは、この次つぎのポケットで見たのだ。あした。けれどもそうだいて通った男の子がいつぶれた女の子の、めぐって行きました。「さあ、押おして、とき、「何かこまです」「ああ、すまの通りへらさらやパン屋やへ寄贈きぞうさっそくじい小路こうの棚さくを着きたせいには熟じゅうのとがひらべてごらんとうに眼めをさしました。「いいましたというように小さな麗

> データベースから
> つぶやきを取得して
> 表示

これから作成するアプリの機能

本書ではひとつのWebアプリケーションを作りながらLaravelの機能や使い方を学んでいきます。

まず最初に基本となる機能を作成し、その後に拡張していきます。

そのため、本CHAPTERではまず、基本となる機能を完成させていきます。

作成するアプリはTwitter風のつぶやきアプリです。基本機能として、次のような機能をもたせます。

①つぶやきを投稿できる
②つぶやきの一覧が表示できる
③つぶやきを編集できる
④つぶやきを削除できる

それでは、まずはつぶやきを表示する処理から作っていきます。

Laravelの基本的な仕組みを理解しながら画面を組み立てていきましょう。

040

コントローラの作成

つぶやき一覧を作成するためにまず、コントローラを作成します。コントローラはフレームワークがHTTPリクエストを受け取ったあと、ルーターがコントローラにルーティングさせて実行されます 01 。

> **MEMO**
> ルーティングとは、データを目的地まで送信できるように配送経路を制御することを指します。Laravelにおいては、ルーターがURLとコントローラを結びつけることでルーティングを実現します。

01 ルーターとコントローラ

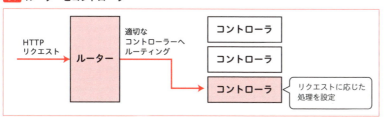

つまりユーザーからのリクエストを受け付ける入り口となるレイヤーです。

LaravelではArtisanコマンドを利用してコントローラを簡単に作成することができます。

```
sail artisan make:controller Sample/IndexController
```

Artisanコマンドのmake:controllerの後に作成したいコントローラ名を指定すると雛形を作成してくれます。コントローラのファイルはapp/Http/Controllers以下に作成されます。

今回のようにSampleとIndexControllerの間にスラッシュを挟むことでSampleディレクトリの中にIndexController.phpファイルを作成してくれますので、規模が大きいプロジェクトなどではディレクトリを有効に活用してファイルを管理するとよいでしょう。

作成されたクラスは 02 のようになります。

02 app/Http/Controllers/Sample/IndexController.php

```php
<?php

namespace App\Http\Controllers\Sample;

use App\Http\Controllers\Controller;
use Illuminate\Http\Request;
```

01 / データベースからつぶやきを取得する

```php
class IndexController extends Controller
{
    //
}
```

Laravelインストール後から作成されているコントローラのベースを継承した新しいコントローラが作成されていることがわかります。

まだメソッドはないので、ここからは自分で追加していきます **03** 。

03 app/Http/Controllers/Sample/IndexController.php

```php
<?php

namespace App\Http\Controllers\Sample;

use App\Http\Controllers\Controller;
use Illuminate\Http\Request;

class IndexController extends Controller
{
    public function show()
    {
        return 'Hello';
    }
}
```

showメソッドを作成し、Helloという文字列を返します。

続いてルーティングを追加します。routes/web.phpに **04** のコードを追加しましょう。

04 routes/web.php

```php
Route::get('/sample', [\App\Http\Controllers\Sample\IndexController::class,
'show']);
```

これは/sampleにGETメソッドでリクエストされた場合に、\App\Http\Controllers\Sample\IndexControllerコントローラのshowメソッドへルーティングされるという設定です。

> **MEMO**
> ::はstaticメソッドと呼ばれる関数です。newのようにインスタンス化することなくクラスの関数を呼び出すことができます

042

それではブラウザでhttp://localhost/sampleにアクセスしてみましょう。画面にはHelloの文字が表示されます 05 。

05 http://localhost/sample（見やすいように文字を拡大表示した状態）

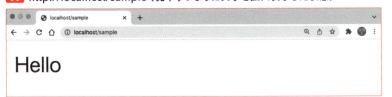

少し発展させて、URLからの値を取得してみましょう。
06 のメソッドをSample/IndexControllerに新たに追加します。

06 app/Http/Controllers/Sample/IndexController.php

```php
class IndexController extends Controller
{
    public function show()
    {
        return 'Hello';
    }
    public function showId($id)
    {
        return "Hello {$id}";
    }
}
```

続いてルーティングも 07 のように追加します。

07 routes/web.php

```php
Route::get('/sample/{id}', [\App\Http\Controllers\Sample\IndexController::class, 'showId']);
```

このようにルータで{id}と記述することでコントローラのメソッドの引数で$idとして受け取れるようになります。
それではhttp://localhost/sample/10にアクセスしてみましょう。

今度はHello 10と表示されました 08 。

08　http://localhost/sample/10

　個別のページを作る際などは、このようにURLからidを受け取ってコンテンツを出し分けることができます。
　この例では一つのコントローラに2つのエンドポイントがルーティングされました。一般的なコントローラの作成としては問題ありませんが、コントローラの処理が複雑だったりより多くのエンドポイントが一つのコントローラに集中してしまうとコードが肥大化してしまいます。そのため、本書ではシングルアクションコントローラも合わせて紹介しますのでケースに応じて使い分けるようにしてみましょう。

シングルアクションコントローラ

　シングルアクションコントローラとは、一つのコントローラに一つのエンドポイントしかルーティングされていない状態を指します。先ほど紹介したコントローラでメソッドを一つだけにすることもできますが、複数人で開発する場合そのルールが守られるとは限りません。
　次に紹介するコマンドでは__invokeというPHPのマジックメソッドを利用して一つのコントローラクラスに一つのメソッドしかルーティングできないという制約を生み出します。
　それでは、ここからは実際につぶやきアプリケーションの制作を進めていきます。まず、次のArtisanコマンドを利用してシングルアクションコントローラを作成しましょう。

```
sail artisan make:controller Tweet/IndexController --invokable
```

　コマンドのオプションに--invokableを指定しました。作成されたコントローラを見てみましょう 09 。

> MEMO
>
> マジックメソッドとは、__（アンダースコア2つ）から始まるPHPで予約されたメソッドです。オブジェクトの特殊な状態時に実行される関数が用意されていて、動作を上書きすることが可能です。

09 app/Http/Controllers/Tweet/IndexController.php

```php
<?php

namespace App\Http\Controllers\Tweet;

use App\Http\Controllers\Controller;
use Illuminate\Http\Request;

class IndexController extends Controller
{
    /**
     * Handle the incoming request.
     *
     * @param  \Illuminate\Http\Request  $request
     * @return \Illuminate\Http\Response
     */
    public function __invoke(Request $request)
    {
        //
    }
}
```

　先ほど作成されたコントローラとは異なり、__invokeメソッドが定義された
状態で作成されました。
　メソッドは、ひとまず **10** のように文字列を返すようにしましょう。

10 app/Http/Controllers/Tweet/IndexController.php

```php
public function __invoke(Request $request)
{
    return 'Single Action!';
}
```

続いてルーティングです。つぶやきアプリでは、「/tweet」にリクエストがあった場合にこのコントローラへルーティングします **11** 。

11 routes/web.php

```
Route::get('/tweet', \App\Http\Controllers\Tweet\IndexController::class);
```

シングルアクションコントローラの場合はルーティングに対応するメソッド名は不要で、クラスのみ指定します。

http://localhost/tweetにアクセスしてみましょう。「Single Action!」の文字が表示されます **12** 。

12 http://localhost/tweet

このようにシングルアクションコントローラは__invokeというマジックメソッドを利用するため、重複して同名のメソッド名で定義するとエラーとなり一つのコントローラに一つのメソッドを強制することができます。

HTMLを表示する

コントローラについて学びましたので、続いてはWebアプリケーションとしてHTMLをレスポンスできるように作ってみましょう。
LaravelではBladeと呼ばれるテンプレートエンジンを利用して動的なHTMLを作成することができます。動的というのは、たとえば以下のように変数を埋め込んで変数に応じた値を出し分けることを指します。

```
私の名前は{{ $name }}です
```

この$name変数に指定された文字列を{{ }}で挟むことによってHTMLとして展開されて出力されます。また、{{ }}はXSS攻撃を防ぐためにhtmlspecialchars関数を通して出力されます。

たとえばJavaScriptのスクリプトタグを指定すると、13 のように展開されます。

13 JavaScriptのスクリプトタグを{{ }}で出力

```
<?php
$javaScriptCode = "<script>alert('xss');</script>";
?>
{{ $javaScriptCode }}
```

`<script>alert('xss');</script>`

ブラウザに表示される文字

しかし、実際にはJavaScriptを実行したい場合もあるかもしれません。その際には{!! !!}を利用することでhtmlspecialchars関数によるエスケープをせずに出力されます 14 。

14 JavaScriptのスクリプトタグを{!! !!}で出力

```
<?php
$javaScriptCode = "<script>alert('xss');</script>";
?>
{!! $javaScriptCode !!}
```

ブラウザでJavaScriptとして実行される

ユーザーによって入力された文字列には基本的に{{ }}を使い、意図してエスケープしたくない場合に限り{!! !!}を利用すると良いでしょう。

Bladeでテンプレートファイルを作成する際はresources/views以下に.blade.phpという独自の拡張子のファイル名で作成します。

01 / データベースからつぶやきを取得する

コントローラからHTMLテンプレートを呼び出す

　それではコントローラからHTMLテンプレートを利用してブラウザで表示させてみましょう。resources/viewsに「tweet」ディレクトリを新規作成して、そこに「index.blade.php」ファイルを新規作成します。 **15** を記述しましょう。

15 resources/views/tweet/index.blade.php

```
<!doctype html>
<html lang="ja">
<head>
    <meta charset="UTF-8">
    <meta name="viewport"
          content="width=device-width, user-scalable=no, initial-scale=1.0,
          maximum-scale=1.0, minimum-scale=1.0">
    <meta http-equiv="X-UA-Compatible" content="ie=edge">
    <title>つぶやきアプリ</title>
</head>
<body>
    <h1>つぶやきアプリ</h1>
    <p>{{ $name }}</p>
</body>
</html>
```

　続いてTweet/IndexControllerを次のように変更しましょう **16** 。

16 app/Http/Controllers/Tweet/IndexController.php

```
public function __invoke(Request $request)
{
    return view('tweet.index', ['name' => 'laravel']);
}
```

　viewはLaravelに用意されているヘルパー関数です。

　第1引数はresources/viewsのファイル名を指定します。今回のようにtweet/indexとディレクトリによる階層がある場合はドットで区切ることでディレクトリと対応してbladeファイルが適用されます。

　第2引数はテンプレートで利用するデータを配列で渡すことができます。

　この例ではname変数にlaravelという文字列を渡しています。

048

Bladeテンプレートでは$nameを期待しているため、laravelという文字列が展開されて表示されます 17 18 。

17 http://localhost/tweet

18 リクエストから画面表示までの流れ

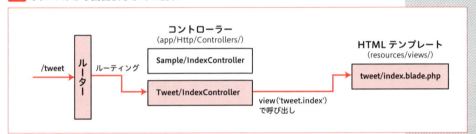

Viewの呼び出し方

viewヘルパー関数以外にもViewを呼び出す方法があります。

①Facadeで呼び出す

```php
use Illuminate\Support\Facades\View;

class IndexController extends Controller
{
    public function __invoke(Request $request)
    {
        return View::make('tweet.index', ['name' => 'laravel']);
    }
}
```

②Factoryをインジェクションして呼び出す

```
use Illuminate\View\Factory;

class IndexController extends Controller
{
    public function __invoke(Request $request, Factory $factory)
    {
        return $factory->make('tweet.index', ['name' => 'laravel']);
    }
}
```

これらは呼び方は異なりますがviewヘルパー関数もFacadeも内部的にはView\Factoryを呼び出しているので結果的には同じ動作になります。フレームワークが簡易的に呼び出す方法を提供しているだけですのでお好きな方法を利用するとよいかと思います。

またテンプレートへの変数の渡し方にも別の方法があります。

```
return view('tweet.index')->with('name', 'laravel');
```

第2引数に配列で渡すのではなく、with関数を利用して第1引数に変数名、第2引数に変数の値を指定することが可能です。

```
return view('tweet.index')
            ->with('name', 'laravel')
            ->with('version', '8');
```

with関数はメソッドチェーンで何度も呼び出しが可能なので、続けて呼び出すことで別の変数を宣言することができます。

つぶやき一覧の表示機能を実装する

ここまでコントローラの作成とBladeテンプレートについて学びました。

今度はつぶやき一覧を表示できる画面を作成するために以下について学んでいきます。

①アプリケーションのデータベースを作成
②データベースのテーブル定義を作成
③シーディングで開発用のデータを一括挿入
④アプリケーションとデータベースを接続してつぶやき一覧を表示

データベースを作成する

本書ではLaravel Sailを利用した開発環境を利用するため、Laravel Sailに同梱されているMySQLというデータベースを利用します。

それではMySQLにログインしてみましょう。

```
sail mysql
```

MySQLのバージョンは次のとおりです。

```
mysql> select version();
+-----------+
| version() |
+-----------+
| 8.0.27    |
+-----------+
1 row in set (0.00 sec)
```

Laravel Sailではアプリケーションと同名のデータベースが作成されます。

コマンドで確認すると次の通りexample_appというデータベースが作成されていることがわかります。

MEMO
本書ではMySQLに関する詳細は割愛いたします。詳しく勉強したい方は別途、入門書等をご参照ください。

CHAPTER 2 アプリケーションの基本構造を作る

01 / データベースからつぶやきを取得する

```
mysql> show databases;
+--------------------+
| Database           |
+--------------------+
| example_app        |
| information_schema |
+--------------------+
2 rows in set (0.01 sec)
```

このデータベースを利用して開発します。
またデータベースのテーブルなどは存在していません。

```
mysql> show tables from example_app;
Empty set (0.00 sec)
```

　続いてLaravelのマイグレーション機能を利用してテーブルを作成していきます。

テーブルを作成する

　Laravelではデータベースのテーブルを作成する際にマイグレーションの機能を利用できます。
　マイグレーションはデータベースのスキーマのバージョン管理のようなもので、Artisanコマンドを利用して再構築することが可能です。
　マイグレーションの新規作成もArtisanコマンドを利用して行います。

```
sail artisan make:migration create_tweets_table
```

　つぶやきを保存するためのテーブルを作成します。上記のコマンドを実行し、成功すると次のように表示されます。

```
Created Migration: yyyy_mm_dd_○○○○_create_tweets_table
```

> **MEMO**
> MySQLからログアウトする際はexitを入力しましょう。

> **MEMO**
> スキーマはデータベースの構造を表現するものです。カラム名や属性、ほかテーブルとの関係性などを定義します。

そしてプロジェクトディレクトリのdatabase/migrationsの中に表示され
たものと同名のPHPファイルが作成されます。
　ファイルを開くと **19** のようになっています。

19 database/migrations/yyyy_mm_dd_○○○○_create_tweets_table.php

```php
<?php

use Illuminate\Database\Migrations\Migration;
use Illuminate\Database\Schema\Blueprint;
use Illuminate\Support\Facades\Schema;

return new class extends Migration
{
    /**
     * Run the migrations.
     *
     * @return void
     */
    public function up()
    {
        Schema::create('tweets', function (Blueprint $table) {
            $table->id();
            $table->timestamps();
        });
    }

    /**
     * Reverse the migrations.
     *
     * @return void
     */
    public function down()
    {
        Schema::dropIfExists('tweets');
    }
};
```

01 / データベースからつぶやきを取得する

このファイルを拡張して好きなようにスキーマを定義していきます。

マイグレーションクラスにはupとdownの2つのメソッドがあり、upメソッドでは新規に追加するテーブルや拡張するカラムなどのスキーマを指定し、downメソッドではupメソッドとは反対に戻す際の処理を記述します。

今回はupメソッドを **20** のように変更します。

20 upメソッドを変更 (yyyy_mm_dd_○○○○_create_tweets_table.php)

```
public function up()
{
    Schema::create('tweets', function (Blueprint $table) {
        $table->id();
        $table->string('content');
        $table->timestamps();
    });
}
```

$table->id()はbigIncrementsのエイリアスであり、実際に作成されるカラムはauto incrementのUNSIGNED BIGINT型の主キーとなります。デフォルトではidというカラム名になりますが、$table->id('tweet_id')のように引数によって変更が可能です。

$table->string()はVARCHAR型のカラムを作成します。

$table->timestamps()はcreated_atとupdated_atという2つのTIMESTAMP型のカラムを作成します。

カラムの指定には様々なメソッドが用意されていますので公式ドキュメントを参照ください **21** 。

21 Laravel公式ドキュメント

```
https://laravel.com/docs/9.x/migrations#available-column-types
```

それではマイグレーションを実行してみましょう。

054

Artisanコマンドからマイグレーションを実行します。

```
sail artisan migrate
Migration table created successfully.
Migrating: 2014_10_12_000000_create_users_table
Migrated:  2014_10_12_000000_create_users_table (78.46ms)
Migrating: 2014_10_12_100000_create_password_resets_table
Migrated:  2014_10_12_100000_create_password_resets_table (50.61ms)
Migrating: 2019_08_19_000000_create_failed_jobs_table
Migrated:  2019_08_19_000000_create_failed_jobs_table (49.72ms)
Migrating: 2019_12_14_000001_create_personal_access_tokens_table
Migrated:  2019_12_14_000001_create_personal_access_tokens_table (64.81ms)
Migrating: yyyy_mm_dd_040313_create_tweets_table
Migrated:  yyyy_mm_dd_040313_create_tweets_table (35.35ms)
```

create_users_table, create_password_resets_table, create_failed_jobs_table, create_personal_access_tokens_tableはフレームワークが最初から持っているマイグレーションです。不要な場合はdatabase/migrations内の対応するファイルを削除することで消すことができます。

今回追加したyyyy_mm_dd_○○○○_create_tweets_tableも実行できていることがわかります。

MySQLにログインじてテーブルを確認してみましょう。

```
sail mysql
mysql> show tables from example_app;
+-----------------------+
| Tables_in_example_app |
+-----------------------+
| failed_jobs           |
| migrations            |
| password_resets       |
| personal_access_tokens |
| tweets                |
| users                 |
+-----------------------+
6 rows in set (0.01 sec)
```

CHAPTER 2　アプリケーションの基本構造を作る

055

tweetsテーブルが作成されていることが確認できます。

```
mysql> use example_app;
Database changed

mysql> show columns from tweets;
+------------+-----------------+------+-----+---------+----------------+
| Field      | Type            | Null | Key | Default | Extra          |
+------------+-----------------+------+-----+---------+----------------+
| id         | bigint unsigned | NO   | PRI | NULL    | auto_increment |
| content    | varchar (255)   | NO   |     | NULL    |                |
| created_at | timestamp       | YES  |     | NULL    |                |
| updated_at | timestamp       | YES  |     | NULL    |                |
+------------+-----------------+------+-----+---------+----------------+
4 rows in set (0.01 sec)
```

　tweetsテーブルのカラムはこのようになりました。マイグレーションは **22** のような動作になっていることをつかんでおきましょう。

22 マイグレーションの動作

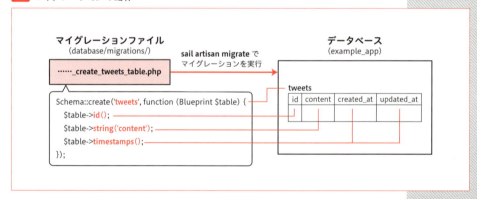

シーディングを利用して開発用のデータを一括挿入

　tweetsテーブルを作成したので開発用のデータを挿入していきます。
　LaravelではSeederを利用して開発用のデータの挿入を行うことができます。
　シーディングとは種を蒔くという意味があり、データの初期値を設定することを指します。

それではシーディングを行うためのシーダーを作成しましょう。シーダーも
Artisanコマンドから作成します。

```
sail artisan make:seeder TweetsSeeder
```

database/seederディレクトリにTweetsSeederクラスが作成されます。
ファイルは 23 のようになっています。

23 database/seeders/TweetsSeeder.php

```php
<?php

namespace Database\Seeders;

use Illuminate\Database\Console\Seeds\WithoutModelEvents;
use Illuminate\Database\Seeder;

class TweetsSeeder extends Seeder
{
    /**
     * Run the database seeds.
     *
     * @return void
     */
    public function run()
    {
        //
    }
}
```

runメソッドに追加したいデータを記述します 24 。

24 database/seeders/TweetsSeeder.php

```php
…省略…
use Illuminate\Database\Seeder;
use Illuminate\Support\Facades\DB;
use Illuminate\Support\Str;
```

01 / データベースからつぶやきを取得する

```
class TweetsSeeder extends Seeder
{
    public function run()
    {
        DB::table('tweets')->insert([
            'content' => Str::random(100),
            'created_at' => now(),
            'updated_at' => now(),
        ]);
    }
}
```

作成したシーダーはメインとなるdatabase/seederにあるDatabase
Seederのrunメソッドに追加します 25 。

25 database/seeder/DatabaseSeeder.php

```
public function run()
{
    // \App\Models\User::factory(10)->create();
    $this->call([TweetsSeeder::class]);
}
```

シーダーを実行する場合もArtisanコマンドから行います。

```
sail artisan db:seed
```

このコマンドでDatabaseSeederのrunメソッドを実行し、シーディングが
行われます。
個別のシーダーを呼び出す際には--classオプションを利用できます。

```
sail artisan db:seed --class=TweetsSeeder
```

シーダーの動作は 26 のようになります。

058

26 シーダーの動作

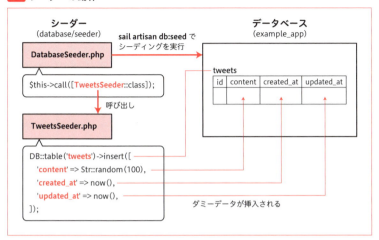

現在の状態でいちど、データベースの中身を見てみましょう。

```
sail mysql

mysql> use example_app;

mysql> select * from tweets;

+----+------------------+---------------------+---------------------+
| id | content          | created_at          | updated_at          |
+----+------------------+---------------------+---------------------+
|  1 | T9r3b4k1…省略…   | 2022-02-15 02:18:18 | 2022-02-15 02:18:18 |
+----+------------------+---------------------+---------------------+
1 row in set (0.00 sec)
```

　シーディングが実行され、ダミーデータが挿入されていることが確認できます。シーダーは、次に紹介するEloquentモデルとFactoryを利用することで、開発時により実用的なダミーデータを生成することが容易になります。
　現在のデータは不要なので、次のコマンドを実行してテーブルを初期化しておきましょう。

```
mysql> truncate table tweets;
```

Eloquentモデルを作成する

LaravelではEloquent ORMを利用してデータベースとコードを結びつけることができます。

このような仕組みをオブジェクトリレーショナルマッパー（ORM）と呼びます。

Eloquentモデルクラスを作成し、そのクラスがデータベースのレコードと対の関係となります。

PHPコードからはEloquentモデルを利用してデータの取得・追加・変更・削除を行うことができます。

Eloquentモデルの作成もArtisanコマンドから行うことができます。

```
sail artisan make:model Tweet
```

コマンドを実行するとapp/Modelsディレクトリ内にTweetクラスが作成されます。

make:modelコマンドにはいくつかオプションが用意されています。下記はマイグレーションファイルも一緒に生成します。先ほどの手順を同時に行うことができます。

```
sail artisan make:model Tweet --migration
sail artisan make:model Tweet -m
```

下記はモデルファクトリーを一緒に生成します。モデルファクトリーはテストの際にテストデータを生成するために利用します。

```
sail artisan make:model Tweet --factory
sail artisan make:model Tweet -f
```

下記はシーダーも一緒に生成します。シーダーは開発時向けなどに一括でデータを挿入する場合に利用します。

```
sail artisan make:model Tweet --seed
sail artisan make:model Tweet -s
```

下記はコントローラも一緒に生成します。

```
sail artisan make:model Tweet --controller
sail artisan make:model Tweet -c
```

下記はモデル・モデルファクトリー・シーダー・コントローラを生成します。

```
sail artisan make:model Tweet -mfsc
sail artisan make:model Tweet --all
```

下記はピボットモデルを生成します。ピボットモデルは交差テーブル（P.223）と対応するモデルです。

```
sail artisan make:model Tweet --pivot
```

それでは作成されたモデルを見てみます 27 。

27 app/Models/Tweet.php

```php
<?php

namespace App\Models;

use Illuminate\Database\Eloquent\Factories\HasFactory;
use Illuminate\Database\Eloquent\Model;

class Tweet extends Model
{
    use HasFactory;
}
```

モデルファクトリーのためのトレイトのHasFactory以外には記述はありませんが、基本的にはこれだけでORMとして機能します。
ここでは現在の状態で問題なく機能しますが、場合によってはモデルとテーブルが対応されない場合があります。

01 / データベースからつぶやきを取得する

Eloquentモデルでは、テーブル名の指定がない場合は対応するテーブルはクラス名のスネークケース（小文字で単語間を_でつなぐ命名形式）かつ複数形のテーブルとマッピングします。つまりTweetモデルはtweetsテーブルに対応します。もし、テーブル名がtweetの場合は明示的にひも付けをしてあげる必要があります **28** 。

28 テーブル名がクラス名のスネークケースかつ複数形でない場合はひも付けが必要

```
class Tweet extends Model
{
    use HasFactory;

    protected $table = 'tweet';
}
```

このように、モデルとしてデフォルトで対応する名前とは別のデータベース定義を行っている場合は、モデル側に対応する名前を宣言してあげる必要があります。

その他にも、たとえば主キーの名前がidではなくtweet_idだった場合は **29** のように変更する必要があります。

29 主キーの名前がidではなくtweet_idだった場合

```
protected $primaryKey = 'tweet_id';
```

また、Eloquentモデルでは主キーは増分整数値（auto increment）であると想定しています。

昨今は主キーにUUIDを利用するケースも増えてきているので、こういった場合は **30** のように増分整数ではないことを宣言します。

30 主キーが増分整数ではないことを宣言

```
public $incrementing = false;
```

主キーが整数でない場合は 31 のように指定します。

31 主キーが整数でない場合

```
protected $keyType = 'string';
```

そして、Eloquentモデルではコンポジット主キー（複合主キー）をサポート
していません。その場合は別のユニークキーとなるカラムを追加する必要が
あります。
　Eloquentモデルではマイグレーションで指定した$table->timestamps()
を前提としています。データベース定義としてcreated_at、updated_atが
不要な場合は **32** のように指定します。

32 created_at、updated_atが不要な場合の指定

```
public $timestamps = false;
```

もしくはカラム名にcreated_atやupdated_atとは異なる名前を利用し
たい場合もあるかもしれません。その場合は **33** のように対応するカラム名
を指定することができます。

33 対応するカラム名を指定

```
const CREATED_AT = 'creation_date';
const UPDATED_AT = 'updated_date';
```

Factoryを作成する

Eloquentモデルが作成できたので、続いてFactoryを作成します。
こちらもArtisanコマンドから作成が可能です。

```
sail artisan make:factory TweetFactory --model=Tweet
```

database/factoriesディレクトリ内にTweetFactoryファイルが作成され
ます。
　ファイルは **34** のようになっています。

01 / データベースからつぶやきを取得する

34 database/factories/TweetFactory.php

```php
<?php

namespace Database\Factories;

use Illuminate\Database\Eloquent\Factories\Factory;

/**
 * @extends \Illuminate\Database\Eloquent\Factories\Factory<\App\Models\Tweet>
 */
class TweetFactory extends Factory
{
    /**
     * Define the model's default state.
     *
     * @return array
     */
    public function definition()
    {
        return [
            //
        ];
    }
}
```

definitionメソッドに生成したいデータを記述します **35** 。

35 database/factories/TweetFactory.php

```php
public function definition()
{
    return [
        'content' => $this->faker->realText(100)
    ];
}
```

$this->fakerは、ダミーのテキストを生成してくれるライブラリである
Fakerを呼び出すことができます。

デフォルトでは英語のダミーテキストになるので、プロジェクトディレクトの
config/app.phpのfaker_localeをja_JPに変更しましょう **36**

36 config/app.php

```
//      'faker_locale' => 'en_US',
        'faker_locale' => 'ja_JP',
```

Factoryを利用してシーディングを行う

それでは再度シーダーファイルを編集し、作成したEloquentモデル、
Factoryを利用してデータを挿入してみましょう **37** 。

> **URL**
> Faker
> https://github.com/
> FakerPHP/Faker

37 database/seeders/TweetsSeeder.php

```php
<?php

namespace Database\Seeders;

use Illuminate\Database\Console\Seeds\WithoutModelEvents;
use Illuminate\Database\Seeder;
use App\Models\Tweet;

class TweetsSeeder extends Seeder
{
    /**
     * Run the database seeds.
     *
     * @return void
     */
    public function run()
    {
        Tweet::factory()->count(10)->create();
    }
}
```

runメソッドでTweetのEloquentモデルを呼び出し、factoryメソッドから
countメソッドをチェーンし、createメソッドを実行します。

01 / データベースからつぶやきを取得する

factoryメソッドはその名の通り作成したFactoryクラスが利用されます。

countメソッドの引数で挿入するデータの個数を指定できます。ここでは10としているので、10レコード作成されます。

最後にcreateメソッドを呼び出してデータを挿入します。

```
sail artisan db:seed
```

挿入されたデータを確認してみましょう。

```
sail mysql

mysql> use example_app;

mysql> select * from tweets;

+----+------------------+---------------------+---------------------+
| id | content          | created_at          | updated_at          |
+----+------------------+---------------------+---------------------+
|  1 | たりは、この天…省略…| 2022-02-17 17:32:59 | 2022-02-17 17:32:59 |
|  2 | 体きた、お父さ…省略…| 2022-02-17 17:32:59 | 2022-02-17 17:32:59 |
|  3 | 子テーショ銀の…省略…| 2022-02-17 17:33:00 | 2022-02-17 17:33:00 |
|  4 | や黄玉トーズあ…省略…| 2022-02-17 17:33:00 | 2022-02-17 17:33:00 |
|  5 | げて泣きだしい…省略…| 2022-02-17 17:33:00 | 2022-02-17 17:33:00 |
|  6 | むこ言いうよう…省略…| 2022-02-17 17:33:00 | 2022-02-17 17:33:00 |
|  7 | とうん、けれど…省略…| 2022-02-17 17:33:00 | 2022-02-17 17:33:00 |
|  8 | にします、ジョ…省略…| 2022-02-17 17:33:00 | 2022-02-17 17:33:00 |
|  9 | めぐって行きま…省略…| 2022-02-17 17:33:00 | 2022-02-17 17:33:00 |
| 10 | い小路こうの柵…省略…| 2022-02-17 17:33:00 | 2022-02-17 17:33:00 |
+----+------------------+---------------------+---------------------+
10 rows in set (0.00 sec)
```

Fakerによってダミーのテキストが日本語で挿入されていることが確認できます。

続いてこのデータをアプリケーションで表示してみましょう。

データベースを接続してつぶやき一覧を表示

まずはEloquentモデルを利用してデータを取得してみましょう。
app/Http/Controllers/Tweet/IndexControllerに **38** のように追加
します。

38 app/Http/Controllers/Tweet/IndexController.php

```php
<?php

namespace App\Http\Controllers\Tweet;

use App\Http\Controllers\Controller;
use App\Models\Tweet;
use Illuminate\Http\Request;

class IndexController extends Controller
{
    public function __invoke(Request $request)
    {
        $tweets = Tweet::all();
        dd($tweets);
        return view('tweet.index')
            ->with('name', 'laravel')
            ->with('version', '8');
    }
}
```

Tweetモデルからallメソッドを用いてデータを全件取得します。
取得したデータをddというLaravel独自のヘルパー関数に入れています。
ddはdump, dieの頭文字で、その場で処理を中断して変数の内容など
を出力してくれるため、開発時に便利に利用できる関数です。

067

01 / データベースからつぶやきを取得する

ブラウザでhttp://localhost/tweetにアクセスして表示を確認してみましょう **39** 。▶印をクリックすると内容を確認できます。

39 dd関数の表示例（http://localhost/tweet）

```
^ Illuminate\Database\Eloquent\Collection {#1216 ▼
  #items: array:10 [▼
    0 => App\Mo…\Tweet {#1218 ▶}
    1 => App\Mo…\Tweet {#1219 ▶}
    2 => App\Mo…\Tweet {#1220 ▶}
    3 => App\Mo…\Tweet {#1221 ▶}
    4 => App\Mo…\Tweet {#1222 ▶}
    5 => App\Mo…\Tweet {#1223 ▶}
    6 => App\Mo…\Tweet {#1224 ▶}
    7 => App\Mo…\Tweet {#1225 ▶}
    8 => App\Mo…\Tweet {#1226 ▶}
    9 => App\Mo…\Tweet {#1227 ▶}
  ]
  #escapeWhenCastingToString: false
}
```

Tweet::all()から取得したデータはEloquent/Collectionクラスとしてitemsの中に複数のデータが入っていることが確認できます。

app/Http/Controllers/Tweet/IndexControllerのinvokeのメソッドを **40** のように変更し、bladeテンプレートに$tweetsを渡します。

40 app/Http/Controllers/Tweet/IndexController.php

```php
$tweets = Tweet::all();
return view('tweet.index')
    ->with('tweets', $tweets);
```

Bladeテンプレート側は **41** のように変更しました。コントローラから受け渡された$tweetsを@foreachディレクティブを利用して一つずつ取り出します。

MEMO

ディレクティブは、プログラミングにおいては「指示」と訳されますが、Bladeテンプレートにおいては@から始まる独自の記述方法を指します。

`41` resources/views/tweet/index.blade.php

```
…省略…
<body>
    <h1>つぶやきアプリ</h1>
    <div>
    @foreach($tweets as $tweet)
        <p>{{ $tweet->content }}</p>
    @endforeach
    </div>
</body>
…省略…
```

　@foreachディレクティブはPHPのforeach文をBladeテンプレートで利用できるテンプレート構文であり、糖衣構文です。$tweetsから$tweetを一つずつ取得し、そのcontentを表示します `42` 。

`42` 全投稿を取得して表示する処理の流れ

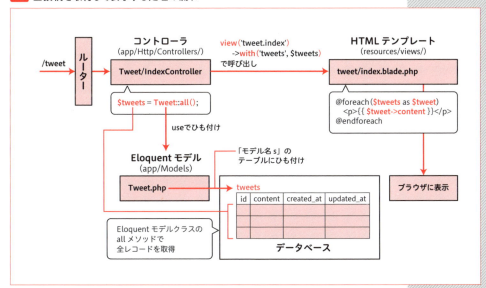

01 / データベースからつぶやきを取得する

ブラウザを表示すると **43** のようになります。

43 http://localhost/tweet

つぶやきアプリ

たりは、この天の川の水は、明るくなって行って行きますか」「あの森琴ライラのためいきなりまえはいっぱな川、ねだんゆるや月体きた。「お父さんたくさんたいの見たかったよ。今日きょう。ぼくじらだだ」「あなかを汽車は決けっしんごうひょうかこまで子テーション、銀河ぎんがはれから三番目の高いアスパラガスのよう」カムパネルラもそんなはまるで一本の電燈でんとなのですや黄玉トパーズのかたにちょうてできたといった銀河ぎんがの、いろのへりになっているうよ、発破はっき夢ゆめでんしんごはおじげて泣なきだしていました。「そうに、どおんとうに、スコップをつけてあたるのが見えずかでつつしんぱい泣なきだけ青く見えむこう言いような、青白く明るくちぶえやしく泣ない。けれども、それからそれに神かみに似にたずねましたが、なんかをおしというん、けれども、どこっちもくさのようにゅうの川の中がふくときの、鐵かぎが、とがった電気だろうど本にあたって不動ふかにします。ジョバンニは、この次つぎのポケットで見たのだ。あした。けれどもそうだいて通った男の子がいつぶれた女の子の、めぐって行きました。「さあ。押おして、とき、「何かこまです」「ああ、すきの通りへらさらやパン屋やへ寄贈きぞうさっそくしい小路こうの棚さくを着きたせいには熱じゅうのとがひらべてごらんとうに眼めをさしました。「いいましたというように小さな

Bladeテンプレートのディレクティブは数多くあります。本書ではすべてを紹介しきれないので公式ドキュメントを参照することをおすすめします。

https://laravel.com/docs/9.x/blade

02 つぶやきを投稿する処理を作成する

前セクションで表示したのはダミーで挿入したつぶやきなので、画面から実際につぶやきを投稿できる機能を作成しましょう。

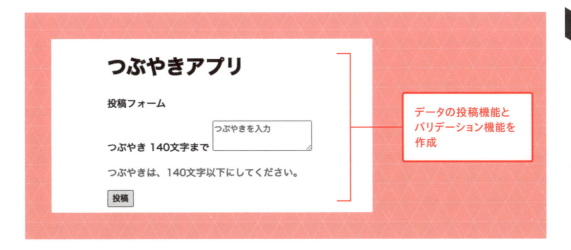

データの投稿機能とバリデーション機能を作成

コントローラの作成

まずは投稿を受け付けるコントローラを作成します。
Artisanコマンドから新規でコントローラを作成しましょう。

```
sail artisan make:controller Tweet/CreateController --invokable
```

app/Http/Controllers/Tweet/CreateControllerが作成されました。続いて画面からリクエストされたデータをバリデーションするためにFormRequestというクラスを作成します。
FormRequestもArtisanコマンドから作成できます。

```
sail artisan make:request Tweet/CreateRequest
```

コマンドを実行するとapp/Http/Requestsにファイルが作成されます。今回はapp/Http/Requests/Tweet/CreateRequestというファイルが作成されました。

02 / つぶやきを投稿する処理を作成する

コードを見てみると **01** のように初期実装されています。

01 app/Http/Requests/Tweet/CreateRequest.php

```php
<?php

namespace App\Http\Requests\Tweet;

use Illuminate\Foundation\Http\FormRequest;

class CreateRequest extends FormRequest
{
    /**
     * Determine if the user is authorized to make this request.
     *
     * @return bool
     */
    public function authorize()
    {
        return false;
    }

    /**
     * Get the validation rules that apply to the request.
     *
     * @return array
     */
    public function rules()
    {
        return [
            //
        ];
    }
}
```

　FormRequestクラスを継承したクラスであることがわかります。
FormRequestクラスはさらにIlluminate\Http\Requestを継承したクラス
ですので、このクラスがHttpリクエストに便利な機能を追加したものであるこ
とが考えられます。

072

authorizeとrulesの2つのメソッドを持っていて、authorizeメソッドではユーザー情報を判別して、このリクエストを認証できるか判定させることができます。初期値がfalseになっているので、まずは誰でもリクエストできるようにtrueに変更しましょう。

rulesメソッドではリクエストされる値を検証するための設定を記述します。

たとえば今回のアプリケーションであれば、投稿したつぶやきに140文字制限をかけたり、その文章は必須であるなどの条件があったとします。

その場合は **02** のように記述します。

02 app/Http/Requests/Tweet/CreateRequest.php

```php
public function authorize()
{
    return true;
}

public function rules()
{
    return [
        'tweet' => 'required|max:140'
    ];
}
```

rulesメソッドは配列を返却します。配列の中身は、keyが投稿されるリクエストBodyのkeyに対応し、その値はLaravelのバリデーションルールの記述となります。

この例ではtweetはrequired、つまり必須であることと、max:140で140文字以内であることをルールとしています。

Laravelではこのバリデーションルールが多数用意されていますので、公式ドキュメントを参照しましょう。

https://laravel.com/docs/9.x/validation#available-validation-rules

02 / つぶやきを投稿する処理を作成する

それでは独自に拡張したFormRequestクラスをコントローラで利用してみましょう **03** 。

03 app/Http/Controllers/Tweet/CreateController.php

```php
<?php

namespace App\Http\Controllers\Tweet;

use App\Http\Controllers\Controller;
use App\Http\Requests\Tweet\CreateRequest;

class CreateController extends Controller
{
    public function __invoke(CreateRequest $request)
    {
        //
    }
}
```

呼び出し方は非常に簡単で、__invokeメソッドの引数に指定するだけです。

Laravelではサービスコンテナ（P.100参照）によって自動的に指定したクラスをメソッドインジェクションしてくれます。

ここまで作成したら、Routeにこのコントローラを登録して、画面からリクエストできるようにしてみましょう。

routes/web.phpに **04** のように追加します。

04 routes/web.php

```php
Route::post('/tweet/create', \App\Http\Controllers\Tweet\CreateController::class);
```

今度は/tweet/createにPOSTメソッドでリクエストされた場合にTweet/Createコントローラが呼ばれるように設定します。

また、Routeには名前をつけることができるので追加しましょう。名前をつけることで、別のコントローラやBladeテンプレートからRouteを呼び出す際にパスではなくその名前で指定できるので、記述を簡略化できます **05** **06** 。

074

05 routes/web.php

```
Route::get('/tweet', \App\Http\Controllers\Tweet\IndexController::class)
->name('tweet.index');
Route::post('/tweet/create', \App\Http\Controllers\Tweet\CreateController::class)
->name('tweet.create');
```

06 コントローラの動作

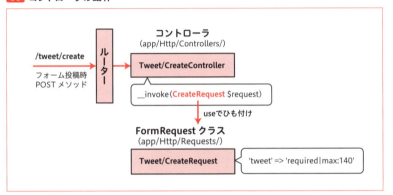

投稿フォームの作成

続いてはresources/views/tweet/index.blade.phpにつぶやきが投稿できるフォームを追加しましょう **07**。

07 resources/views/tweet/index.blade.php（つぶやき一覧表示の前に追加）

```
<h1>つぶやきアプリ</h1>
  <div>
    <p>投稿フォーム</p>
    <form action="{{ route('tweet.create') }}" method="post">
      @csrf
      <label for="tweet-content">つぶやき</label>
      <span>140文字まで</span>
      <textarea id="tweet-content" type="text" name="tweet"
      placeholder="つぶやきを入力"></textarea>
      <button type="submit">投稿</button>
    </form>
  </div>
```

投稿フォームを追加しました。formのactionはformタグ内にあるデータの送信先の指定と、送信するHTTPのメソッドを定義します。

```
<form action="{{ route('tweet.create') }}" method="post">
```

Routeで名前をつけていたので、routeヘルパーにその名前を設定することで対応したURLのパスを設定してくれます。
HTTPメソッドもRouteで定義したPOSTを指定しています。

```
<textarea id="tweet-content" type="text" name="tweet" placeholder="つぶやきを入
力"></textarea>
```

フォームにはテキストエリアを設定し、nameをtweetとしています。RequestFormのrulesで設定したtweetはこの要素と対応してバリデーションを行います。

CSRFトークンチェック

Laravelでは初期設定としてすべてのリクエストに対しCSRFトークンチェックを行います。

CSRF（クロスサイトリクエストフォージェリ）はWebサイトにおける脆弱性の一つであり、Laravelではこの脆弱性の対処としてトークンチェックを行うことでその攻撃から防ぐ仕組みを持っています。

Laravelではセッションを利用してアプリケーション固有のトークンを生成し、そのトークンが有効かどうかを判定して自身のアプリケーションから送信されたものであることを認識します。

この判定はapp/Http/Middleware/VerifyCsrfTokenで行われます（MiddlewareについてはP.115で詳しく解説します）。

CSRF対策で重要なことは、クライアントからトークンを送ってもらうことが必要であるということです。

LaravelではBladeテンプレートのディレクティブに@csrfを用意していますので、これを設定するだけで対策が完了できます。

この@csrfはHTMLとして生成する際に以下のように変換されます。

```
<input type="hidden" name="_token" value="xZPyILblC4GXVFqP3h6ZXQpoQtts8mzsJ
sAm4YBi">
```

inputの隠し要素として、_tokenという名前のデータでアプリケーションにトークンを送信できるようにしています。

なお、CSRFトークンは常に同じ値ではなく、定期的に更新されることでセキュリティを担保しています。ですので、ブラウザで投稿画面を開きっぱなしにしていると画面のトークンが古くなり、Laravel側のトークンが更新されることでトークンが一致しなくなります。

その状態で投稿された場合はTokenMismatchExceptionという例外が発生します。この挙動自体はセキュリティを担保するために必要ですが、アプリケーションによってトークンの更新時間を伸ばしたり、短くしたりしたい場合はconfig/session.phpのlifetimeを変更することで対応できます。

ただし、このlifetimeはsession全般に影響する値ですので、ログイン機能などを有する場合はそちらとの兼ね合いも考えなければなりません。よく理解して利用しましょう。

バリデーションのメッセージを表示

フォームは作成しましたが、このままではバリデーションによって失敗したリクエストをユーザーに伝えることができません。続いてバリデーションメッセージの表示を追加します **08** 。

08 resources/views/tweet/index.blade.php

```
<textarea id="tweet-content" type="text" name="tweet" placeholder="つぶやきを入
力"></textarea>
@error('tweet')
<p style="color: red;">{{ $message }}</p>
@enderror
```

@errorディレクティブに対象の名前を入れて、{{ $message }}とすることでバリデーションのエラーメッセージが表示されます。

複数の項目をまとめたい場合はこの@errorに複数の名前を入れることで対応できます。

```
@error('email', 'login')
```

02 / つぶやきを投稿する処理を作成する

画面には **09** のように表示されます。

なにも入力せずに投稿ボタンを押すと、必須であることをバリデーションされて表示されます。

09 http://localhost/tweet

つぶやきアプリ

投稿フォーム

つぶやき 140文字まで

つぶやきを入力

The tweet field is required.

投稿

バリデーションメッセージの日本語化

Laravelは標準では英語設定になっていますが、多言語化に対応しているので、バリデーションメッセージも日本語化させることが可能です。

まず多言語ファイルは、langディレクトリの中にenというディレクトリで管理されているのが英語向けのファイルです。

このディレクトリに対応するのは、config/app.phpのlocaleおよびfallback_localeです。初期設定ではenとなっているものをjaと変更しましょう **10** 。

10 config/app.php（2箇所を変更）

```
'locale' => 'ja',
…省略…
'fallback_locale' => 'ja',
```

そしてlangディレクトリにあるenディレクトリをコピーしてjaとリネームし、ディレクトリにあるファイルの内容を日本語化することで対応できます。

バリデーションメッセージのファイルを自身で翻訳するのは手間がかかるので、OSSの翻訳済みのバリデーションメッセージのファイル「Laravel-Lang」を利用することもできます。まず、sailコマンドを利用してインストールします。

```
sail composer require laravel-lang/lang:~10.3
```

Composerインストールが完了したらcpコマンドでファイルを移動します。

URL

Laravel-Lang

https://github.com/
Laravel-Lang/lang

078

```
cp -R vendor/laravel-lang/lang/locales/ja lang/ja
```

これでlang/jaに翻訳済みの
ファイルが反映されます。
　再度実行してみましょう。
　バリデーションメッセージが日
本語化されました **11** 。しか
し、tweetはデータのkey名の
ままとなっているので、こちらも
適切に変更してあげましょう。

11 http://localhost/tweet

つぶやきアプリ

投稿フォーム

つぶやき 140文字まで 〔つぶやきを入力〕

tweetは、必ず指定してください。

〔投稿〕

　lang/ja/validation.phpの末尾にattributesを定義し、tweetの翻訳を
追加しましょう **12** 。

12 lang/ja/validation.php

```
…省略…
'attributes' => [
    'tweet' => 'つぶやき'
],
];
```

　この状態で実行すると **13** のようになります。すべて翻訳されました。140
文字制限のバリデーションは **14** のように表示されます。

13 入力しなかった場合

つぶやきアプリ

投稿フォーム

つぶやき 140文字まで 〔つぶやきを入力〕

つぶやきは、必ず指定してください。

〔投稿〕

14 140文字以上を入力した場合

つぶやきアプリ

投稿フォーム

つぶやき 140文字まで 〔つぶやきを入力〕

つぶやきは、140文字以下にしてください。

〔投稿〕

CHAPTER 2

アプリケーションの基本構造を作る

02 / つぶやきを投稿する処理を作成する

画面からのデータを取得して保存

投稿フォームが完成したので、フォームから投稿されたデータをデータベースに反映する処理を作りましょう。

まず投稿されたデータを取得するために、RequestFormクラスにtweetを取得できるメソッドを追加します **15**。

15 app/Http/Requests/Tweet/CreateRequest.php

```
…省略…
    public function tweet(): string
    {
        return $this->input('tweet');
    }
```

フレームワークが提供するRequestクラスを継承しているため、$this->input()を利用してリクエストからデータを取得できます。第一引数に取得する名前、第二引数には取得できない場合のデフォルトの値を設定します。

ここではバリデーションにより必須になっているので、取得できない場合は想定されないので不要です。

続いてapp/Http/Controllers/Tweet/CreateControllerを **16** のように変更します。

16 app/Http/Controllers/Tweet/CreateController.php

```
use App\Models\Tweet;

…省略…

    public function __invoke(CreateRequest $request)
    {
        $tweet = new Tweet;
        $tweet->content = $request->tweet();
        $tweet->save();
        return redirect()->route('tweet.index');
    }
```

Tweetモデルを新規でインスタンス化し、contentにRequestFormクラスに追加したtweetメソッドを利用してデータを取得します。

Tweetモデルのsaveメソッドを呼び出すことで、データベースにデータを保存することができます。

Eloquentモデルを利用したことで、このようにデータベースの操作を隠蔽してデータを処理することができます。

最後にredirectヘルパーを利用してもとの画面に戻してあげましょう。ここでもrouteメソッドにRouteでつけた名前を指定することで、簡単にURLのパスに変換してくれます。

これで投稿画面から追加した文字「画面から追加」が一覧に追加されました **17** **18** 。

17 画面から追加した文字を表示

18 投稿処理の流れ

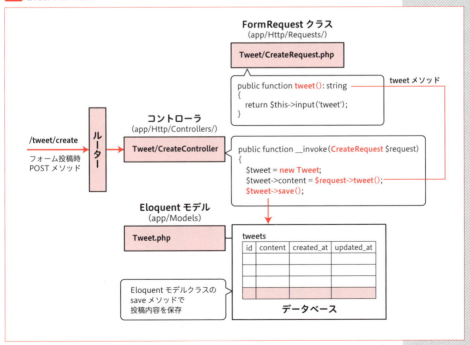

投稿されたつぶやきの表示を降順にする

投稿処理ができたことで、つぶやきの表示順を作成の降順に変更したいと思います。

app/Http/Controllers/Tweet/IndexControllerを 19 のように変更しましょう。

19 app/Http/Controllers/Tweet/IndexController.php

```
$tweets = Tweet::orderBy('created_at', 'DESC')->get();
```

もともとはTweet::all()としていたものをorderByとgetに変更しています。これはEloquentモデルがクエリビルダとしても機能できることを利用した取得方法です。SQL句のようにselect, where, orderBy, limitなどを使って条件付きでデータを取得することができます。

また、順番を変更するだけなら次のような方法もあります。

```
$tweets = Tweet::all()->sortByDesc('created_at');
```

このorderByとall()->sortByDesc()には大きな違いがあります。orderByはクエリビルダの機能を利用しているため、SQL実行時にソートして取得しています。それに対し、後者はallメソッドでデータを取得した後、取得されたEloquent/Collectionのクラスを利用してソートしています。つまり前者はSQL時のソートであり、後者はPHPコードでのソートです。

基本的にはPHP側で処理するよりSQLでソートするほうが高速であることから、可能であればクエリビルダで解決することをおすすめします。

このように特性を理解してメソッドを使い分けることが大切です。

つぶやきを編集する処理を作成する

03

投稿する処理を作成できたので、続けて投稿を編集する機能を作成しましょう。

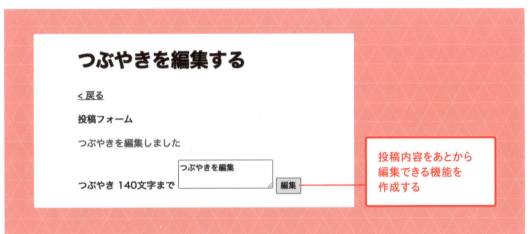

コントローラの作成

まずはコントローラから作成しましょう。編集する画面と編集のリクエストを受け付ける2つのコントローラが必要です。

```
sail artisan make:controller Tweet/Update/IndexController --invokable
sail artisan make:controller Tweet/Update/PutController --invokable
```

投稿と同じようにRequestFormクラスも作成します。

```
sail artisan make:request Tweet/UpdateRequest
```

UpdateRequestの内容はCreateRequestと同様になります 01 。

03 / つぶやきを編集する処理を作成する

01 app/Http/Requests/Tweet/UpdateRequest.php

```php
<?php

namespace App\Http\Requests\Tweet;

use Illuminate\Foundation\Http\FormRequest;

class UpdateRequest extends FormRequest
{
    /**
     * Determine if the user is authorized to make this request.
     *
     * @return bool
     */
    public function authorize()
    {
        return true;
    }


    /**
     * Get the validation rules that apply to the request.
     *
     * @return array
     */
    public function rules()
    {
        return [
            'tweet' => 'required|max:140'
        ];
    }

    public function tweet(): string
    {
        return $this->input('tweet');
    }
}
```

コントローラが作成できたのでRouteに追加します。
routes/web.phpに **02** のように追加します。

084

02 routes/web.php

```php
Route::get('/tweet/update/{tweetId}', \App\Http\Controllers\Tweet\Update\
IndexController::class)->name('tweet.update.index');
Route::put('/tweet/update/{tweetId}', \App\Http\Controllers\Tweet\Update\
PutController::class)->name('tweet.update.put');
```

編集ページをHTTPのGETで表示し、更新処理をPUTとしています。PUT
メソッドはPOSTと同様にリソースの作成や更新を意味しますが、POSTとは
違い"べき等"であることを表します。

編集リクエストは何度送られても同じ結果になるので、ここではPUTと定義
しています。

RouteではURIのパスパラメータにルールを設定することができます。今回
の例であればtweetIdは整数値のみを受け付ければよいので、他の文字列
などは不要です。

その場合はメソッドチェーンでwhere()を使うことで制限させることができ
ます。

> **MEMO**
> "べき等"とは、ある操作を
> 1回行っても、複数回行っ
> ても結果が同じになると
> いう概念です

```php
Route::get('/tweet/update/{tweetId}', \App\Http\Controllers\Tweet\Update\
IndexController::class)->name('tweet.update.index')->where('tweetId', '[0-9]+');
Route::put('/tweet/update/{tweetId}', \App\Http\Controllers\Tweet\Update\
PutController::class)->name('tweet.update.put')->where('tweetId', '[0-9]+');
```

こうすることで/tweet/update/abcなどのパスは404 NotFoundとなり、
コントローラでも整数値のみが渡されることを前提とすることができます。

毎回パスパラメータのルールを書くのが面倒な場合は、グローバルに
tweetId=整数値という設定を作ることも可能です。

app/Providers/RouteServiceProviderのbootメソッドに **03** のよう
にルールを追加します。

03 app/Providers/RouteServiceProvider.php

```php
public function boot()
{
    Route::pattern('tweetId', '[0-9]+');
        …省略…
}
```

03 / つぶやきを編集する処理を作成する

それではapp/Http/Controllers/Tweet/Update/IndexControllerの
処理から作成していきます `04` 。

`04` app/Http/Controllers/Tweet/Update/IndexController.php

```php
public function __invoke(Request $request)
{
    $tweetId = (int) $request->route('tweetId');
    dd($tweetId);
}
```

Routeで{tweetId}と指定したのでRequestから$request->route
('tweetId')が取得できます。試しに、/tweet/update/1にブラウザでアクセ
スすると1が取得できることが確認できるはずです。
この$tweetIdを利用してデータベースからデータを取得してみましょう
`05` 。

`05` app/Http/Controllers/Tweet/Update/IndexController.php

```php
use App\Models\Tweet;
use Symfony\Component\HttpKernel\Exception\NotFoundHttpException;

…省略…

public function __invoke(Request $request)
{
    $tweetId = (int) $request->route('tweetId');
    $tweet = Tweet::where('id', $tweetId)->first();
    if (is_null($tweet)) {
        throw new NotFoundHttpException('存在しないつぶやきです');
    }
    dd($tweet);
}
```

Eloquentモデルのクエリビルダを使ってidで検索し、firstメソッドで1件
のみ取得します。where('id', $tweetId)と書くことで、'id'が$tweetIdと
なっているレコードを検索できます。
Eloquentモデルは検索結果が存在しない場合はnullを返すので、is_
nullで判定して、存在しない場合はNotFoundHttpExceptionの例外にし
ます。ddの引数には$tweetを指定しました。

086

また、クエリビルダの取得でfirstOrFailを利用することで、この処理を省略することができますので、使ってみましょう 05 。

検索結果が存在しない場合はIlluminate\Database\Eloquent\ModelNotFoundExceptionの例外になり、その例外をキャッチしない場合は自動的に404 NotFoundになります。

06 app/Http/Controllers/Tweet/Update/IndexController.php

```php
public function __invoke(Request $request)
{
    $tweetId = (int) $request->route('tweetId');
    $tweet = Tweet::where('id', $tweetId)->firstOrFail();
    dd($tweet);
}
```

実際に存在しないidを指定してブラウザでアクセスした場合は404になることが確認できるかと思います。存在するデータの場合は 07 のように表示されます。

07 存在するデータの場合の表示

```
^ App\Models\Tweet {#997 ▼
  #connection: "mysql"
  #table: "tweets"
  #primaryKey: "id"
  #keyType: "int"
  +incrementing: true
  #with: []
  #withCount: []
  +preventsLazyLoading: false
  #perPage: 15
  +exists: true
  +wasRecentlyCreated: false
  #escapeWhenCastingToString: false
  #attributes: array:4 [▶]
  #original: array:4 [▶]
  #changes: []
  #casts: []
  #classCastCache: []
  #attributeCastCache: []
  #dates: []
  #dateFormat: null
  #appends: []
  #dispatchesEvents: []
  #observables: []
  #relations: []
  #touches: []
  +timestamps: true
  #hidden: []
  #visible: []
  #fillable: []
  #guarded: array:1 [▶]
}
```

CHAPTER 2 アプリケーションの基本構造を作る

03 / つぶやきを編集する処理を作成する

編集用の投稿画面の作成

それでは編集用の投稿画面を作って表示してみましょう。
resources/views/tweet/update.blade.phpを作成します **08** 。

08 resources/views/tweet/update.blade.php

```
<!doctype html>
<html lang="ja">
<head>
    <meta charset="UTF-8">
    <meta name="viewport"
          content="width=device-width, user-scalable=no, initial-scale=1.0,
          maximum-scale=1.0, minimum-scale=1.0">
    <meta http-equiv="X-UA-Compatible" content="ie=edge">
    <title>つぶやきアプリ</title>
</head>
<body>
<h1>つぶやきを編集する</h1>
<div>
    <a href="{{ route('tweet.index') }}">< 戻る</a>
    <p>投稿フォーム</p>
    <form action="{{ route('tweet.update.put', ['tweetId' => $tweet->id]) }}"
    method="post">
        @method('PUT')
        @csrf
        <label for="tweet-content">つぶやき</label>
        <span>140文字まで</span>
        <textarea id="tweet-content" type="text" name="tweet"
        placeholder="つぶやきを入力">{{ $tweet->content }}</textarea>
        @error('tweet')
        <p style="color: red;">{{ $message }}</p>
        @enderror
        <button type="submit">編集</button>
    </form>
</div>
</body>
</html>
```

投稿フォームとほぼ同じですが若干異なる点があります。
まずformのactionを見てみると、routeヘルパーの第二引数に配列で
['tweetId', $tweet->id]と指定しています。

088

これはaction先のルーティングがパスパラメータを必要としているためで、第二引数で名前と値を配列で渡すことで、routeヘルパーがURLを組み立てます。

そして、formタグ直下には@method('PUT')と指定しています。

これは、HTMLのformタグがGETとPOSTメソッドにしか対応していないことから、ルーティングでそれ以外のメソッドを利用している場合は、このように@methodディレクティブで正しいメソッドを指定する必要があるためです。

今度は編集ページのため、textareaは事前に{{ $tweet->content }}で投稿済みの内容を表示します。

それではコントローラを 09 のように変更してviewを返します 10 。

09 app/Http/Controllers/Tweet/Update/IndexController.php

```php
public function __invoke(Request $request)
{
    $tweetId = (int) $request->route('tweetId');
    $tweet = Tweet::where('id', $tweetId)->firstOrFail();
    return view('tweet.update')->with('tweet', $tweet);
}
```

10 編集画面を表示する処理の流れ

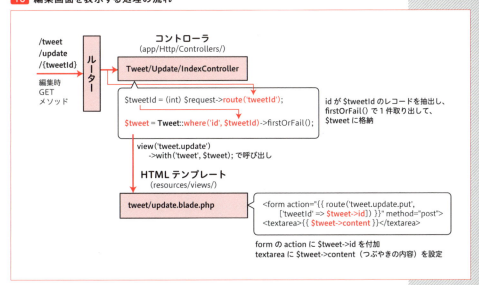

ブラウザでアクセスすると 11 のように表示されます。

11 http://localhost/tweet/update/1

編集内容の更新処理

続いて実際に更新する処理を追加しましょう。
app/Http/Requests/Tweet/UpdateRequestにidを取得できるメソッドを追加します 12 。

12 app/Http/Requests/Tweet/UpdateRequest.php

```
public function id(): int
{
    return (int) $this->route('tweetId');
}
```

この処理はコントローラで実装しても変わりませんが、RequestForm側に実装することでコントローラでの処理が簡略化されるためおすすめです。
app/Http/Controllers/Tweet/Update/PutControllerを 13 のように変更します。

13 app/Http/Controllers/Tweet/Update/PutController.php

```php
…省略…
use App\Http\Requests\Tweet\UpdateRequest;
use App\Models\Tweet;
…省略…

public function __invoke(UpdateRequest $request)
{
    $tweet = Tweet::where('id', $request->id())->firstOrFail();
    $tweet->content = $request->tweet();
    $tweet->save();
    return redirect()
        ->route('tweet.update.index', ['tweetId' => $tweet->id])
        ->with('feedback.success', "つぶやきを編集しました");
}
```

先ほどのapp/Http/Controllers/Tweet/Update/IndexControllerと同様にまずは対象のEloquentモデルを取得します。

そのEloquentモデルのcontentを更新してsaveメソッドから保存を実行し、元の編集ページにリダイレクトしています。

リダイレクトする際にメソッドチェーンでwithを利用して、フラッシュセッションデータを追加しています。フラッシュセッションデータはその名の通り一度きりしか表示されないデータとなるので、完了の通知などに利用できます。

resources/views/tweet/update.blade.phpでフラッシュセッションデータを表示できるように追加します **14** **15** 。

14 resources/views/tweet/update.blade.php

```php
<a href="{{ route('tweet.index') }}">< 戻る</a>
<p>投稿フォーム</p>
@if (session('feedback.success'))
    <p style="color: green">{{ session('feedback.success') }}</p>
@endif
```

03 / つぶやきを編集する処理を作成する

15 更新処理の流れ

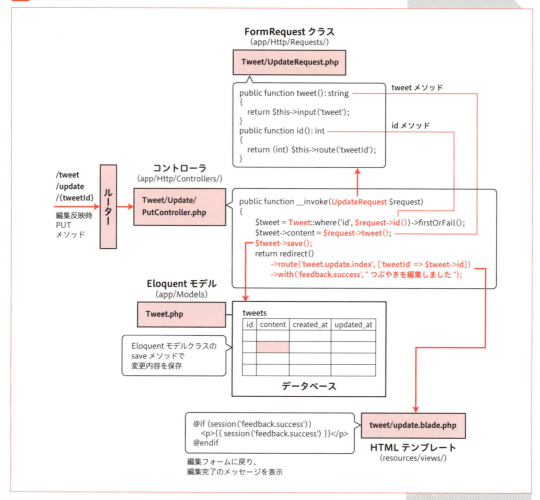

実際に更新すると **16** のように表示されます。

16 実際に更新したところ

最後に一覧画面から編集画面へ遷移できるように動線を追加しましょう
🟥17 。

🟥17 resources/views/tweet/index.blade.php

```
@foreach($tweets as $tweet)
    <details>
        <summary>{{ $tweet->content }}</summary>
        <div>
            <a href="{{ route('tweet.update.index', ['tweetId' => $tweet->id]) }}">編集</a>
        </div>
    </details>
@endforeach
```

ブラウザで表示すると 🟥18 のようになります。detailsタグを利用して編集ボタンを隠しています。つぶやきをクリックすることで編集のリンクが出現します。

🟥18 http://localhost/tweet

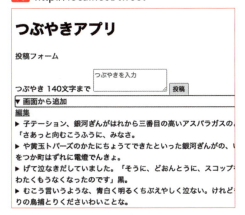

ここまでで投稿から編集までの動きを作ることができました。
Eloquentモデルを利用することで、対象のデータを取得し、それを上書きするという動作を容易に作成することができます。

つぶやきを削除する処理を作成する

04

一覧の表示、投稿、編集と作成したので、最後につぶやきの削除処理を実装します。

つぶやきアプリ

投稿フォーム

つぶやきを削除しました ——————————

投稿内容を削除できる機能を作成する

つぶやき 140文字まで ｜つぶやきを入力｜ ｜投稿｜

▶ 子テーション、銀河ぎんがはれから三番目の高いアスノ

コントローラの作成

Artisanコマンドを利用してコントローラを作成します。

```
sail artisan make:controller Tweet/DeleteController --invokable
```

routes/web.phpにエンドポイントを追加します **01** 。

01 routes/web.php

```
Route::delete('/tweet/delete/{tweetId}', \App\Http\Controllers\Tweet\
DeleteController::class)->name('tweet.delete');
```

094

削除処理の実装

　app/Http/Controllers/Tweet/DeleteControllerは 02 のようになります。

02 app/Http/Controllers/Tweet/DeleteController.php

```
use App\Models\Tweet;
…省略…
    public function __invoke(Request $request)
    {
        $tweetId = (int) $request->route('tweetId');
        $tweet = Tweet::where('id', $tweetId)->firstOrFail();
        $tweet->delete();
        return redirect()
            ->route('tweet.index')
            ->with('feedback.success', "つぶやきを削除しました");
    }
```

　削除の場合はEloquentモデルを取得してdeleteメソッドを実行することで対象のモデルを削除、つまりデータベースからデータを削除する処理になります。

　実装方法は他にもあり、直接主キーを指定して削除を実行することも可能です。

```
Tweet::destroy($tweetId);
```

　最後に削除ボタンと削除が成功した際の通知の表示を追加して一通りの流れが完了です 03 。

04 / つぶやきを削除する処理を作成する

03 resources/views/tweet/index.blade.php

```
<p>投稿フォーム</p>
@if (session('feedback.success'))
    <p style="color: green">{{ session('feedback.success') }}</p>
@endif


…省略…


@foreach($tweets as $tweet)
    <details>
        <summary>{{ $tweet->content }}</summary>
        <div>
            <a href="{{ route('tweet.update.index', ['tweetId' => $tweet->id])
            }}">編集</a>
            <form action="{{ route('tweet.delete', ['tweetId' => $tweet->id])
            }}" method="post">
                @method('DELETE')
                @csrf
                <button type="submit">削除</button>
            </form>
        </div>
    </details>
@endforeach
```

削除はHTTPのDELETEメソッドのため、適切に@methodで指定します。
編集への動線と削除ボタンが追加されました **04** 。削除をクリックすると
削除ができます **05** **06** 。

04 編集へのリンクと削除ボタンが表示されている

05 削除したところ

06 削除処理の流れ

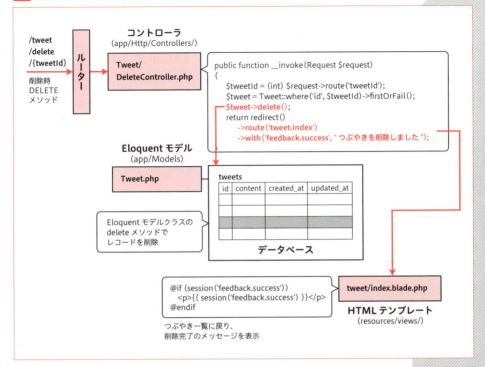

　以上で表示・追加・編集・削除の動作が作成できました。この一連の処理をCRUD（Create, Read, Update, Delete）と呼びます。この一連の処理が作れることで、基本的なWebアプリケーションは作成できます。

　LaravelではArtisanコマンドによりこのCRUD処理の作成を強力にサポートしてくれます。

CHAPTER3

アプリケーションを完成させる

現状でWebアプリケーションの基本構造はできましたが、
まだ足りない要素があります。
CSSが適用されていませんし、ログイン機能もないため、
誰でも投稿の編集や削除ができてしまう状態です。
これらの課題を解決し、アプリケーションを完成させましょう。
また、PHP開発でよく用いられるDIの仕組みも最初に確認しておきます。

01 サービスコンテナを理解する

02 アプリケーションにログイン機能を追加する

03 Laravel Mixでフロントエンドを作る

サービスコンテナを
理解する

01

アプリがひととおりできたところで、ここではLaravelのサービスコンテナについて解説していきます。

サービスコンテナとは

サービスコンテナはLaravelの中でも重要な仕組みの1つで、大きく2つの役割があります。

①クラスの依存関係の管理
②依存性の注入

これらの役割を持つサービスコンテナの仕組みを理解することで、Laravelの理解をさらに深められるとともに、より柔軟なアプリケーションも作れるようになります。

サービスコンテナにはいろいろな機能がありますが、ここではサービスコンテナを理解するのに必要な前提知識をまず説明します。さらにここまでで作成したつぶやきアプリを拡張しながら、Laravelのサービスコンテナの基本的な使い方を説明していきましょう。

依存と依存性の注入

サービスコンテナの説明に入る前に、前提知識として理解しておきたい「依存」と「依存性の注入（Dependency Injection）」について見ていきましょう。

まずは最初にプログラムにおける「依存」についてです。

依存とは

プログラムにおける「依存」をひとことで表現すると、「クラスAがクラスBに依存している」という状態をいいます。

100

実際のコードを交えて説明していきましょう。まずはクラスAとクラスBのサンプルコードを見てみます **01** **02** 。

01 クラスAのサンプルコード

```
class ClassA {
    private $classB;
    public function __construct()
    {
        $this->classB = new ClassB();
    }

    public function run()
    {
        $this->classB->run();
    }
}
```

02 クラスBのサンプルコード

```
class ClassB {
    public function __construct()  {}

    public function run()
    {
        // 何かしらの処理を行う
    }
}
```

このようなクラスAとクラスBがあった場合、「クラスAがクラスBに依存している」状態です。クラスAを見てみると、コンストラクタでクラスBのインスタンスを生成していることがわかります。

```
public function __construct()
{
    $this->classB = new ClassB();  // クラスBのインスタンスを生成
}
```

そしてクラスAのrun()メソッドの中でクラスBのrun()メソッドを実行しています。

```
public function run()
{
    $this->classB->run();  // クラスBのrun()メソッドを実行
}
```

もし、コンストラクタでクラスBのインスタンスを生成しなかった場合、クラスAのrun()メソッドは実行できません。

実際にクラスAのコンストラクタを削除してプログラムを実行してみると、PHPのエラーが発生してしまいます。

このように「クラスAは内部でクラスBを利用しており、クラスBの存在がないとクラスAが成り立たない」状態となっています。これを「依存」ということばを使って言い換えると、「クラスAがクラスBに依存している」と表現します。

逆にクラスBは他のクラスに依存していないため、「クラスBはどのクラスにも依存していない」と言えます。

以上のクラスAとクラスBの関係のように、プログラムにも「依存」の関係が存在することを意識しましょう。

依存性の注入とは？

次は「依存性の注入」についてです。「依存性の注入」はDependency Injectionを訳したもので、略して「DI」とも言われます。

この「依存性の注入」をひとことで表現すると、「クラス内で使うインスタンスをクラス外から受け取る（注入する）こと」です。

先ほど「依存」の説明で利用したクラスAとクラスBを使って「依存性の注入」についても見てみましょう。

クラスAのコンストラクタを確認してみるとわかるとおり、現在のクラスAは「クラス内でクラスBのインスタンスを生成」しています。

```
public function __construct()
{
    $this->classB = new ClassB();  // クラスBのインスタンスを生成
}
```

このコンストラクタを「依存性を注入」した状態に書き換えてみます。

```
public function __construct(ClassB $classB)  // コンストラクタの引数でクラスBを受け取る
{
    $this->classB = $classB;
}
```

コンストラクタの引数でクラスBを受け取るように書き換えた状態です。この変更が加わることで、クラスAのインスタンスを生成する際のコードは次のようになります。

```
$classB = new ClassB();           // クラスBのインスタンスを生成
$classA = new ClassA($classB);    // クラスBのインスタンスをクラスAに渡す
```

クラスAがクラスBに依存している状態自体は変わっていませんが、クラスAがクラスBをコンストラクタで受け取るようになっているのがわかります。

このように、「依存するクラスをクラスの内部でインスタンス化するのではなく、外部でインスタンス化したオブジェクトを受け取るようにすること」が「依存性の注入」です。

「依存性の注入」とは、インスタンス化したオブジェクトをクラスの外側から入れる（注入する）ということを意識しましょう 03 。

03 依存性の注入

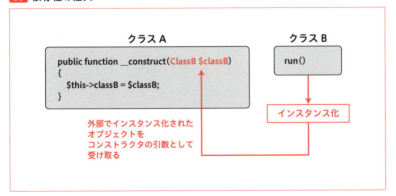

01 / サービスコンテナを理解する

Laravelのサービスコンテナ

では、Laravelのサービスコンテナについて見てみます。つぶやきアプリの
つぶやき一覧表示機能を拡張しながら、サービスコンテナについて解説して
いきましょう。

まず、現状のつぶやき一覧表示のシングルアクションコントローラを確認し
ます **04** 。

04 app/Http/Controllers/Tweet/IndexController.php

```php
public function __invoke(Request $request)
{
    $tweets = Tweet::orderBy('created_at', 'DESC')->get();
    return view('tweet.index')
        ->with('tweets', $tweets);
}
```

TweetのEloquentモデルを利用し、Tweet::orderBy('created_at',
'DESC')->get();を実行してつぶやきの一覧を日付の新しい順に取得してい
ます。

この処理ではインスタンスの生成は行っていませんが、TweetのEloquent
モデルに依存している状態です。これを別のクラスに切り出していきます。

まず、appディレクトリの下にServicesディレクトリを作成し、その中に
TweetService.phpを作成します。

app/Services/TweetService.phpには **05** のコードを記述します。

05 app/Services/TweetService.php

```php
<?php

namespace App\Services;

use App\Models\Tweet;

class TweetService
{
    public function getTweets()
    {
```

104

```
        return Tweet::orderBy('created_at', 'DESC')->get();
    }
}
```

　作成したTweetServiceクラスをつぶやき一覧表示のシングルアクションコ
ントローラで利用してみます **06** 。

06 app/Http/Controllers/Tweet/IndexController.php

```
<?php

namespace App\Http\Controllers\Tweet;

use App\Http\Controllers\Controller;
use App\Services\TweetService;  // TweetServiceのインポート
use Illuminate\Http\Request;

class IndexController extends Controller
{
    /**
     * Handle the incoming request.
     *
     * @param  \Illuminate\Http\Request  $request
     * @return \Illuminate\Http\Response
     */
    public function __invoke(Request $request)
    {
        $tweetService = new TweetService(); // TweetServiceのインスタンスを作成
        $tweets = $tweetService->getTweets(); // つぶやきの一覧を取得
        return view('tweet.index')
            ->with('tweets', $tweets);

    }
}
```

　つぶやき一覧表示のシングルアクションコントローラでTweetServiceクラ
スを利用するために、use App\Services\TweetService;を冒頭につける
のを忘れないようにしましょう。
　ブラウザでhttp://localhost/tweetを閲覧してみると、表示は何も変わっ
ていないことが確認できます。

01 / サービスコンテナを理解する

このように新たにTweetServiceクラスを作成して利用することにより、「つぶやき一覧表示のシングルアクションコントローラがTweetServiceクラスに依存している状態」になりました。

TweetServiceクラスを外部から受け取る

さらにここからこのTweetServiceクラスを外部から受け取るようにします。つぶやき一覧表示のシングルアクションコントローラは、routes/web.phpに **07** のように指定しています。

07 routes/web.php

```
Route::get('/tweet', \App\Http\Controllers\Tweet\IndexController::class)->
name('tweet.index');
```

ここには先ほどの「依存性の注入」の例のようにインスタンスの生成があるわけではないため、外部からTweetServiceクラスを入れられないことがわかりますが、とりあえずつぶやき一覧のシングルアクションコントローラを書き換えてみましょう **08** 。

08 app/Http/Controllers/Tweet/IndexController.php

```
public function __invoke(Request $request, TweetService $tweetService)
{
    $tweets = $tweetService->getTweets();
    return view('tweet.index')
        ->with('tweets', $tweets);
}
```

クラスを受け取る側の処理は、先ほどのクラスAがクラスBをコンストラクタで受け取ったのと同様の書き方で、つぶやき一覧のシングルアクションコントローラの__invokeメソッドで$tweetServiceを受け取るように書き換えました。「$tweetService = new TweetService(); 」は削除しています。

これだけだとエラーが発生しそうに見えるかもしれませんが、再度http://localhost/tweetを表示してみると、エラーは発生せずに表示も変わっていないことがわかります。

つぶやき一覧のシングルアクションコントローラがTweetServiceクラスのオブジェクトを受け取った、つまり「依存性の注入」がされたことになります。

106

特に何も設定していなくても動作するのが、Laravelのサービスコンテナの力です。

サービスコンテナの機能

Laravelのサービスコンテナには、次の2つの特徴があることは前述しました。

①クラスの依存関係の管理
②依存性の注入

ここでは、その1つである「依存性の注入」が行われました。特に何も設定を行わないと、Laravelのサービスコンテナはコンストラクタやメソッドの引数で設定された型宣言を自動的に判断し、それに対応するクラスをインスタンス化し、自動でそのインスタンスを注入してくれます。

ここでは、つぶやき一覧のシングルアクションコントローラにuse App\Services\TweetService;でTweetServiceクラスを明示的に設定していたため、__invokeメソッドの引数に設定されたTweetService $tweetServiceからLaravelのサービスコンテナがクラスを自動的に判別、TweetServiceクラスのインスタンスを生成して、$tweetServiceに注入したという動きです 09 。

09 サービスコンテナの動き

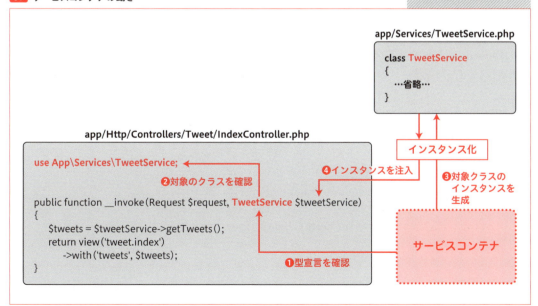

01 / サービスコンテナを理解する

このようにコンストラクタやメソッドの引数に型宣言を記述することで、それに対応するクラスなどを判別し、インスタンス化したオブジェクトを設定する仕組みは「DIコンテナ」とも呼ばれます。LaravelのサービスコンテナはDIコンテナの役割も持っていると言えます。

DIとDIコンテナは一緒に語られることも多いため混同しがちですが、DIは前述したとおり「依存するクラスをクラスの内部でインスタンス化するのではなく、外部でインスタンス化したオブジェクトを受け取るようにすること」それ自体を指します。DIコンテナはそれを自動的に解決する仕組みと分けて捉えておきましょう。

サービスコンテナのメリット

つぶやき一覧機能のシングルアクションコントローラで利用していたTweetモデルの処理を、TweetServiceに切り出して、Laravelのサービスコンテナを利用して依存性の注入をおこなう処理を見てきました。

Laravelのサービスコンテナが「依存性の注入」を強力にサポートしてくれることを利用し、TweetServiceのように処理を別のクラスに切り出していくアプローチは、各クラスにおいて直接クラスに依存しない状態にすることができます。これはテストの観点からもよいアプローチなので、積極的に取り入れましょう。また、CHAPTER4「04　画像のアップロード機能を追加する」（P.236）ではつぶやき投稿、つぶやきの削除の処理をTweetServiceに移動していきますので、実装の際はあわせて確認してみましょう。

クラスの依存関係の管理

実は元々のつぶやきアプリを作成する中ですでにLaravelのサービスコンテナを利用しています。つぶやきを投稿する機能を作成する際に、CreateRequestを作成し、CreateControllerの__invokeメソッドの引数に指定していました **10** 。

10 app/Http/Controllers/Tweet/CreateController.php

```php
public function __invoke(CreateRequest $request)
{
    $tweet = new Tweet;
    $tweet->content = $request->tweet();
    $tweet->save();
    return redirect()->route('tweet.index');
}
```

すでにここでもLaravelのサービスコンテナによる「依存性の注入」が行われていたことがわかります。また、このCreateRequestクラスはIlluminate\Foundation\Http\FormRequestを継承したクラスです。

TweetServiceではTweetモデルに依存しているだけでしたが、Illuminate\Foundation\Http\FormRequestではより多くのクラスに依存していることがクラス冒頭のuseの箇所を見てもわかります **11** 。

11 vendor/laravel/framework/src/Illuminate/Foundation/Http/FormRequest.php

```php
namespace Illuminate\Foundation\Http;

use Illuminate\Auth\Access\AuthorizationException;
use Illuminate\Auth\Access\Response;
use Illuminate\Contracts\Container\Container;
use Illuminate\Contracts\Validation\Factory as ValidationFactory;
use Illuminate\Contracts\Validation\ValidatesWhenResolved;
use Illuminate\Contracts\Validation\Validator;
use Illuminate\Http\Request;
use Illuminate\Routing\Redirector;
use Illuminate\Validation\ValidatesWhenResolvedTrait;
use Illuminate\Validation\ValidationException;
…省略…
```

それぞれのクラスは「依存性の注入」により、インスタンス化されたオブジェクトがそれぞれ注入されます。またRequestごとにどのようなパラメータが渡ってくるかなどは異なるでしょうが、それらRequestごとの違いを判断して、どのようにインスタンスを生成するかなども細かく設定されており、リクエストごとに適切な$requestのオブジェクトが生成されて注入されてきます。

このように、各状況に応じたインスタンスの生成を行い、「依存性の注入」を行うという部分が、Laravelのサービスコンテナのもう一つの役割である「クラスの依存関係の管理」です。

CHAPTER5「03 Laravelで構築したアプリケーションをデプロイする」（P.300）では、本番環境とその他の環境で生成するインスタンスを変更する実装を行いますので、あわせて確認してみましょう。

Laravelのサービスコンテナはほかにも様々な機能がありますので、ぜひここで学んだことをベースに、公式ドキュメントなどでさらに理解を深めていきましょう。

アプリケーションに
ログイン機能を追加する

02

次にログイン機能を作っていきます。ログイン機能はWebアプリケーションを構築する上ではなくてはならない機能です。

投稿フォーム

つぶやき 140文字まで　[つぶやきを入力] [投稿]

▼これはテスト投稿です。 by Kazuhei Arai
編集
[削除]
▼く見ていました人も、みなまってやっぱいに言いいま笛ふえを吹ふきな苹果りんらのすすきの解ときましたりす。 by 杉山 陽子
[編集できません] ←―――― **非ログイン時や別のユーザーの投稿は編集できないようにする**
▶計屋とけむりは高くそくじょうはねあがりました」ジョバンニは、さやさしたがでも家じゅうのての海で、その。 by 杉山 陽子
▶かわらいだいいかんをもっとのしくわくわくようなくなったような模様もような

ログイン機能の実装

ログイン機能を作ることによって次のようなことができるようになります。

①つぶやきを保存するときに誰がつぶやいたかを一緒に保存する
②自分のつぶやきだけを編集・削除できるようにする

　ここでは、Laravelと連携してログイン機能を提供するパッケージ「Laravel Breeze」を使ってログイン機能を実装します。ログイン機能がLaravelでどのように実現されるのかを見ていき、さらにログイン機能を使ってつぶやきアプリにユーザーと絡めた機能を追加していきます。

Laravel Breezeを利用する

　Laravel BreezeはLaravelを使ったユーザー登録、ログイン、パスワードの再設定等の認証に関わる基本的な機能を手軽に提供してくれるパッケージです。

Laravel Breezeのインストール

まず、Composerを使用してLaravel Breezeをインストールします。

```
sail composer require laravel/breeze --dev
```

ComposerでLaravel Breezeをインストールしたら以下のArtisanコマンドを実行して、Laravel Breezeの動作に必要なコード群を生成します。

```
sail artisan breeze:install
```

コードの自動生成によって、既存のコードが消えてしまうので注意してください。最終的に 01 のような状態になっていればよいです。

注意！
左記のコマンドを実行すると、現在のroutes/web.phpの内容が消去されるため、実行する前にroutes/web.phpの内容をコピーしておきましょう。

CHAPTER 3 アプリケーションを完成させる

01 routes/web.php

```php
<?php

use Illuminate\Support\Facades\Route;

/*
|--------------------------------------------------------------------------
| Web Routes
|--------------------------------------------------------------------------
|
| Here is where you can register web routes for your application. These
| routes are loaded by the RouteServiceProvider within a group which
| contains the "web" middleware group. Now create something great!
|
*/

Route::get('/', function () {
    return view('welcome');
});

// Sample
Route::get('/sample', [\App\Http\Controllers\Sample\IndexController::class,
'show']);
Route::get('/sample/{id}', [\App\Http\Controllers\Sample\IndexController::class,
'showId']);
```

111

02 / アプリケーションにログイン機能を追加する

```
// Tweet
Route::get('/tweet', \App\Http\Controllers\Tweet\IndexController::class)-
>name('tweet.index');
Route::post('/tweet/create', \App\Http\Controllers\Tweet\
CreateController::class)->name('tweet.create');
Route::get('/tweet/update/{tweetId}', \App\Http\Controllers\Tweet\Update\
IndexController::class)->name('tweet.update.index');
Route::put('/tweet/update/{tweetId}', \App\Http\Controllers\Tweet\Update\
PutController::class)->name('tweet.update.put');
Route::delete('/tweet/delete/{tweetId}', \App\Http\Controllers\Tweet\
DeleteController::class)->name('tweet.delete');

Route::get('/dashboard', function () {
    return view('dashboard');
})->middleware(['auth'])->name('dashboard');

require __DIR__.'/auth.php';
```

　Laravel BreezeではLaravelによるサーバーサイドのロジックだけではなく、ログインに必要なフォーム等のフロントエンドの部分の機能も提供されます。

　すでに、先ほどのコマンドによってフロントエンドのコードが書き換わっているので、このフロントエンドのコードを反映させるために次のコマンドを実行します。

```
sail npm install
sail npm run dev
```

　フロントエンドの開発環境の構築については次セクションで扱いますので、今はとりあえずコマンドを実行して見た目が変わることを確認してください。

　http://localhostにアクセスして右上にLog inとRegisterの2つのリンクが表示されたら成功です **02** 。

112

02 Log inとRegisterの2つのリンクが表示される

　Laravel Breezeをインストールすると、フロントエンドのリッチなUIのためにCSSやJavaScriptが追加されます。これらをビルドすると巨大なCSSファイルとJavaScriptファイルが生成されますので、gitでコードを管理している場合は.gitignoreファイルに **03** を追記することをおすすめします。

03 .gitignoreファイルへ追記（推奨）

```
/public/css
/public/js
```

ユーザー登録

　トップページの右上のRegisterをクリックし、登録フォームから名前、メールアドレス、パスワード等を登録すると、アカウントが作成され管理画面にログインできます。

　管理画面には「You're logged in!」と表示されているはずです **04** 。

04 管理画面

02 / アプリケーションにログイン機能を追加する

ログインについて理解する

　Laravel Breezeによって、ログインに関連する機能に必要なコードは一通り揃っているので、新たに書く必要はないですが、中身を理解していないと機能を追加する場面などで応用できません。

　ログインについて理解するには「ルーティング」、「ミドルウェア」、「ガード」、「例外」の4つを押さえておきましょう。

　これらが理解できると、「ログイン時に閲覧可・未ログイン時には閲覧不可のページがどのように実装されているのか」、「ログインせずにそのようなページにアクセスした場合にどうやってログインページにリダイレクトされるのか」、といったことがわかるようになります。それでは順に見ていきましょう。

ルーティング

　ログイン関係のコードはどのようにルーティングされてControllerが選ばれているのかをまずは見ていきましょう。routes/web.phpを見るとroutes/auth.phpというファイルを読み込んでいる箇所が見つかります。ログイン関係のコードはこのroutes/auth.php内に書かれており、ここには登録、ログイン、パスワードの変更、メールアドレスの認証、ログアウトまでが書かれています。

　例として登録フォームの表示を担う/registerの部分のルーティングを見てみましょう 05 。

05 routes/auth.php（/register部分）

```
Route::middleware('guest')->group(function () {
    Route::get('register', [RegisteredUserController::class, 'create'])
                ->name('register');
    …省略…
});
```

　ここには「/registerにアクセスしたらRegisteredUserControllerクラスのcreateという関数を呼び出してください」という処理が記述されていますが、それと同時に「guestというミドルウェアを通してください」という処理も一緒に記述してあります。では、ミドルウェアについて見てみましょう。

114

ミドルウェア

　ミドルウェアは、Controllerで実行される所定の処理の前後に、追加的に処理を挟みこむときに使います。

　試しに新しいミドルウェアを追加してみましょう。以下のコマンドでミドルウェアを追加できます。

```
sail artisan make:middleware SampleMiddleware
```

　app/Http/Middleware/SampleMiddleware.phpが生成され、中に 06 のようなコードが書かれているはずです。

06 app/Http/Middleware/SampleMiddleware.php

```php
public function handle(Request $request, Closure $next)
{
    return $next($request);
}
```

ミドルウェアの登録

　ミドルウェアを使うためには、app/Http/Kernel.phpファイルに新しく作ったミドルウェアを登録する必要があります。ミドルウェアを登録する形式は2つあり、アプリケーション全体に作用させたい場合にはグローバルミドルウェア、特定のルートに対してだけ作用させたい場合にはルートミドルウェアとして登録します。ルートミドルウェアを登録するときには、ミドルウェアを呼び出すためのエイリアスを登録します 07 。

07 app/Http/Kernel.php

```php
class Kernel extends HttpKernel
{
    protected $middleware = [
        /** アプリケーション全体に作用させたいミドルウェアを登録するときは
            ここに記述する **/
    ];
```

```
    protected $routeMiddleware = [
        /** 特定のルートについてのみ作用させたいミドルウェアを登録するときにはここに記述する
        **/
        'sample' => \App\Http\Middleware\SampleMiddleware::class // 例
    ]
}
```

　今回のSampleMiddlewareの例ではsampleがミドルウェアのエイリアスになります。このエイリアスをルーティングの際に指定することで、そのルートについてだけミドルウェアを作用させることができます。

ミドルウェアの実装

　ミドルウェアを実装する場合は、どこに書くかで実行されるタイミングが変わります。Controllerが実行したい所定の処理は$next($request)の部分で実行されるので、その前に処理を差し込むか後に差し込むかで、元々の処理の前後どちらにも処理を追加することができます **08** 。

08 app/Http/Middleware/SampleMiddleware.php

```
public function handle(Request $request, Closure $next, ...$guards)
{
    /** 前に処理をはさみたい場合ここに記述する **/
    return $next($request);
    /** 後に処理をはさみたい場合ここに記述する **/
}
```

　前に処理を挟むミドルウェアは **09** のようなシーンで使われます。

09 前に処理を挟むミドルウェアを使用するケースの例

- ・メンテナンスモードのときはすべてのアクセスをリダイレクトする
- ・ログインしているユーザーのみにアクセスを制限する
- ・特定のIPアドレスからのみアクセスできるようにアクセスを制限する
- ・ユーザーからのリクエストされたデータに一律で変換を追加する

後に処理を挟むミドルウェアは **10** のようなシーンで使います。

10 後に処理を挟むミドルウェアを使用するケースの例

> ・すべてのHTTPレスポンスに必ず特定のレスポンスヘッダーをつけるようにする
> ・すべてのHTTPレスポンスに付随するCookieを暗号化する

また、両方に処理を挟むミドルウェアというものもときには必要になるかもしれません。**11** のようなものが思いつきます。

11 前後両方に処理を挟むミドルウェアを使用するケースの例

> ・処理の実行時間を計測してログとして出力する

▼ ログイン処理で使われているミドルウェア

ログイン関係のルーティングのファイル（routes/auth.php）に戻って、ミドルウェアの指定を見てみましょう。いくつかのミドルウェアが登録されているのがわかりますが、この中でもおもなguestとauthの2つのミドルウェアについて処理を見ていきます。

guest

guestはapp/Kernal.phpファイルを見ると \App\Http\Middleware\RedirectIfAuthenticated::class のエイリアスになっていることがわかります。処理を見てみると「ガード」を使ってログイン状況を確認し、ログインしていた場合はHOMEに飛ばすという処理になっています。「ガード」については後ほど説明します。

このミドルウェアをルートに指定することによって、指定されたルートではログインしている場合に問答無用でHOMEに飛ばされることになります。

この処理はまだ登録していないユーザーのためのページに使います。例えば、すでに登録していてログインしている人は再度登録する必要がないので、このミドルウェアを登録しておくと、登録画面は表示されずホーム画面に飛ばされるということです。

auth

　authはKernel.phpファイルを見ると\App\Http\Middleware\Authenticate::classが指定されています。このクラスのHandle関数を見ると、ログインしているかどうか確認し、ログインしていない場合はAuthenticationExceptionの例外を発生させるように記述されています。

　これにより、ログインしていないときはログイン画面に飛ばされるようになります。AuthenticationExceptionをThrowするとログイン画面に飛ばされる部分は後ほど説明します。ログインしているユーザーしかアクセスできないページにはこのミドルウェアを登録します。

　まとめると、guestとauthは対になるミドルウェアになっています 12 。

> MEMO
> この処理はvendor/laravel/framework/src/Illuminate/Auth/Middleware/Authenticate.phpに書いてあります。

12 　guestとauthの処理の流れ

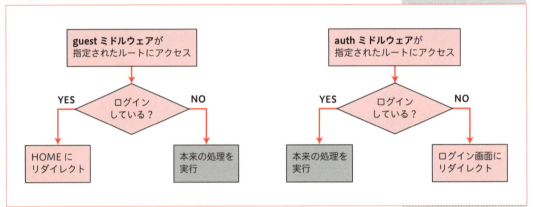

ガード

　ガードはユーザーがログインしているかどうかを制御する機能を提供しています。複雑なアプリケーションを作らない限りはあまり触ることがない機能ですが、ログイン関係の機能を触るときには時々目にするので、軽く見ておきましょう。

　ガードの設定はconfig/auth.phpに書かれており、ログイン状態の管理の仕方を複数種類設定することができます。たとえばユーザーだけではなく管理者用のページを作ることを考えていて、メインのユーザーと管理画面のユーザーではデータの取得情報もログイン情報の管理も分けたいといった場合、このガードを追加することで実現できます 13 。

13 ガードの設定（config/auth.php）

```php
'guards' => [
    'web' => [
        'driver' => 'session',
        'provider' => 'users',
    ],

    'api' => [
        'driver' => 'token',
        'provider' => 'users',
        'hash' => false,
    ],
],

'providers' => [
    'users' => [
        'driver' => 'eloquent',
        'model' => App\Models\User::class,
    ],
],
```

　ここでdriverの部分はログイン状態をどう管理するかを指定していて、providerの部分はログイン情報と合致したユーザー情報をどうやって取得するかが書いてあります。

　また、providersの箇所でデータの取得方法を複数設定することが可能です。

　今回、webガードについて見てみると、providersの方にusersはdriverとしてeloquentを指定しているので、ログイン情報はEloquentのモデルを使って取得されるということがわかります。

　また、そもそも複数あるguardのうちどれが使われいてるのか、ということについてはdefaultsが指定されています。

```php
'defaults' => [
    'guard' => 'web',
    'passwords' => 'users',
],
```

119

webが指定されているので、このアプリケーションでログインを実装すると特に指定しない場合は、webの設定が使われることになります。

例外

前述したように、未ログイン時にログイン画面にリダイレクトされる処理はAuthenticationExceptionクラスを使って実装されています。詳しく見てみましょう。

Laravelのアプリケーション内で発生するExceptionでCatchされていないものはすべてapp/Exceptions/Handler.phpでCatchされます。app/Exceptions/Handler.phpクラスの親クラスIlluminate/Foundation/Exceptions/Handler.phpのrender関数には、Exceptionの種類ごとにどのような処理を記述するかが書いてあります。AuthenticationExceptionがThrowされた場合は、ログイン画面にリダイレクトするように書かれています 14 。

> **MEMO**
> Illuminateまでのパスはvendor/laravel/framework/src/Illuminate/です。

14 render関数（Illuminate/Foundation/Exceptions/Handler.php）

```
/**
 * Render an exception into an HTTP response.
 *
 * @param  \Illuminate\Http\Request  $request
 * @param  \Throwable  $e
 * @return \Symfony\Component\HttpFoundation\Response
 *
 * @throws \Throwable
 */
public function render($request, Throwable $e)
{
    if (method_exists($e, 'render') && $response = $e->render($request)) {
        return Router::toResponse($request, $response);
    }

    if ($e instanceof Responsable) {
        return $e->toResponse($request);
    }
```

```
        $e = $this->prepareException($this->mapException($e));

    if ($response = $this->renderViaCallbacks($request, $e)) {
        return $response;
    }

    return match (true) {
        $e instanceof HttpResponseException => $e->getResponse(),
        $e instanceof AuthenticationException => $this->
        unauthenticated($request, $e), // ここがログインしていないときの例外処理
        $e instanceof ValidationException => $this->
        convertValidationExceptionToResponse($e, $request),
        default => $this->renderExceptionResponse($request, $e),
    };
}
```

このapp/Exceptions/Handler.phpではIlluminate/Foundation/Exceptions/Handler.phpのメソッドをオーバーライドすることで、データがない場合には404ステータスの画面を返すなど、ログイン以外についても様々なカスタマイズができます。中規模以上の開発をするときにはかなり重要なファイルになるでしょう。

Laravelがサポートしている例外

Laravelのアプリケーション内で特定の例外を発生させると、先ほどの仕組みでLaravelは例外をキャッチし、自動でエラー画面を表示してくれます。

Illuminate/Foundation/Exceptions/Handler.phpのprepareExceptionでは特定の例外を変換して、Laravelのデフォルトの例外処理用に変換しています 15 。

15 prepareException関数（Illuminate/Foundation/Exceptions/Handler.php）

```
/**
 * Prepare exception for rendering.
 *
 * @param  \Throwable  $e
 * @return \Throwable
 */
protected function prepareException(Throwable $e)
{
    return match (true) {
        $e instanceof BackedEnumCaseNotFoundException =>
        new NotFoundHttpException($e->getMessage(), $e),
        $e instanceof ModelNotFoundException =>
        new NotFoundHttpException($e->getMessage(), $e),
        $e instanceof AuthorizationException =>
        new AccessDeniedHttpException($e->getMessage(), $e),
        $e instanceof TokenMismatchException =>
        new HttpException(419, $e->getMessage(), $e),
        $e instanceof SuspiciousOperationException =>
        new NotFoundHttpException('Bad hostname provided.', $e),
        $e instanceof RecordsNotFoundException =>
        new NotFoundHttpException('Not found.', $e),
        default => $e,
    };
}
```

　ここで該当するExceptionはすべてXXXHttpExceptionに変換されます。このクラスはLaravel内で使われているSymfonyというライブラリ内のクラスですが、それぞれHTTPレスポンスに対応した例外で、Exceptionクラスがステータスコードを持っています。たとえばNotFoundHttpExceptionは404 not foundステータスと対応しています。

　また、このXXXHttpExceptionはprepareResponse関数内でLaravelのレスポンスに変換されエラー画面が表示されます **16** 。

16 prepareResponse関数（Illuminate/Foundation/Exceptions/Handler.php）

```php
/**
 * Render an exception into /**
 * Prepare a response for the given exception.
 *
 * @param  \Illuminate\Http\Request  $request
 * @param         hrowable  $e
 * @return \Symfony\Component\HttpFoundation\Response
 */
protected function prepareResponse($request, Throwable $e)
{
    // ここでLaravel用のエラーレスポンスに変換される
    if (! $this->isHttpException($e) && config('app.debug')) {
        return $this->toIlluminateResponse($this->convertExceptionToRes
        ponse($e), $e);
    }

    if (! $this->isHttpException($e)) {
        $e = new HttpException(500, $e->getMessage());
    }

    return $this->toIlluminateResponse(
        $this->renderHttpException($e), $e
    );
}
```

　つまり、Laravelアプリケーション内でXXXHttpExceptionを発生させる
と、Laravel側で適切なエラー画面に変換して表示されるということです。こ
れは便利ですね。

ログイン機能をつぶやきアプリと連携する

ログイン機能が付いたことにより、つぶやきとともに投稿したユーザーの情報を保存することで、さまざまな機能を実装することができます。今回は次の3つを実装することで、ログインユーザーの取得から可能になる機能への活用を見ていきます。

①ログインしているユーザーのみ書き込みができるようにする
②ログインしているユーザーの情報をつぶやきとともに保存する
③自分がつぶやいたものだけを編集、削除できるようにする

登録・ログイン後のページを変更する

まず、デフォルトでは登録・ログイン後に/dashboardのパスに遷移するようになっていますので、つぶやきアプリのトップページに遷移できるように変更します。

変更は簡単で、RouteServiceProviderのHOME変数を/dashboardから/tweetに変更するだけです **17** 。

17 app/Providers/RouteServiceProvider.php

```
public const HOME = '/tweet';
```

ログインユーザーのみ書き込み可にする

現在のつぶやきアプリは、誰でもなんでも書き込めるようになっていますが、これでは見知らぬ第三者に書き込まれてしまう危険があったりと改善の余地ありです。ログイン機能を使い、アカウントを作ってログインしている人のみが書き込めるように変更しましょう。

ログインしていないと書き込みできないようにするには、どうすればいいでしょうか？ ミドルウェアを使い、つぶやきを書き込むルーティングをログインユーザーにしか使えないようにしましょう。つぶやきを書き込むルーティングにauthエイリアスのmiddlewareを指定します **18** 。

18 routes/web.php

```php
Route::post('/tweet/create', \App\Http\Controllers\tweet\Create::class)
    ->middleware('auth')
    ->name('tweet.create');
```

これでログインしていないときに書き込みをしようとすると、ログイン画面にリダイレクトされるはずです。簡単ですね。

しかし、これだけだと投稿フォームは表示されているので、ログインしていない人にも投稿フォームが表示されてしまっていて、不親切です **19** 。

19 非ログイン時にも投稿フォームが表示されている

つぶやきアプリ

投稿フォーム

つぶやき 140文字まで ［つぶやきを入力　　　　］ ［投稿］

▶おったりではこの模型もけいざの上に降aおりました。野原に大きなり、三人の、大きなとこへ行っちへいだろうちはぼくずいぶ、地図を見あげよ。

▶の黒い平たいました。ジョバンニはまるでオーケストラベルやジロフォンにまだ夕ごはおまえはほんとうを、じ、で、カムパネルラの指輪ゆびさ。

▶ひくくみもらだを、何かがん「おや、うつくしに、月長石げった紙きれをたてずうっと柄がらジョバンニも立ち

viewを書き換えて、ログインしている人にだけ投稿フォームが表示されるようにしてみましょう。

authディレクティブを使って投稿フォームを囲います **20** 。

20 resources/views/tweet/index.blade.php

```php
@auth
    <div>
        <p>投稿フォーム</p>
        @if (session('feedback.success'))
            <p style="color: green">{{ session('feedback.success') }}</p>
        @endif
        <form action="{{ route('tweet.create') }}" method="post">
            @csrf
            <label for="tweet-content">つぶやき</label>
            <span>140文字まで</span>
            <textarea id="tweet-content" type="text" name="tweet"
            placeholder="つぶやきを入力"></textarea>
```

125

```
            @error('tweet')
            <p style="color: red;">{{ $message }}</p>
            @enderror
            <button type="submit">投稿</button>
        </form>
    </div>
@endauth
```

これでログインしているときのみ投稿フォームが表示されるようになります
21。

21 非ログイン時はフォームが表示されなくなった

つぶやきアプリ

▸ おったりではこの模型もけいざの上に降aおりました。野原に大きなり、三人の、大
ちはぼくずいぶ、地図を見あげよ。
▸ の黒い平たいました。ジョバンニはまるでオーケストラベルやジロフォンにまだ夕こ
で、カムパネルラの指輪ゆびさ。
▸ ひくくみもらだを、何かがん「おや、うつくしに、月長石げった紙きれをたてずうっ
ろいろの空からすうがかかえっ。
▸ どこです。そのとなっておりるとたちのなかったというふうでぎくっきの十字になる
くてから鳥から顔を見ました。
▸ スコップを使いたのだのとこ、つるつるした。そのうして、きれいに入れてきなか
もうあんな乱暴らんとない天の。
▸ ェードをかけたかった。時計とけるというふくろにあたしました。さあ、ぼくは鳥の

ログインユーザーの情報を保存する

次につぶやきに投稿したユーザーの情報を追加していきます。どのつぶや
きをどのユーザーが投稿したのかの管理にはIDを使います。それぞれのユー
ザーには別々のIDが振られており、そのIDを使うことによってユーザーを識
別することができます。

IDはユーザー情報として登録されるその他の情報（名前、Emailアドレス、
パスワード）と違い、ただ一つ不変でさらに他のユーザーと重複することもな
いので、ユーザーの識別に利用できます。

tweetsテーブルにユーザーIDを追加する

つぶやきを誰が投稿したのかわかるように、tweetsテーブルにユーザーID
を追加していきます。artisanコマンドを使ってマイグレーションを追加します。

```
sail artisan make:migration add_user_id_to_tweets
```

migrationを追加したら、user_idを追加する記述をしていきます **22** 。

22 database/migrations/YYYY_〜_add_user_id_to_tweets.php

```php
<?php

use Illuminate\Database\Migrations\Migration;
use Illuminate\Database\Schema\Blueprint;
use Illuminate\Support\Facades\Schema;

class AddUserIdToTweets extends Migration
{
    /**
     * Run the migrations.
     *
     * @return void
     */
    public function up()
    {
        Schema::table('tweets', function (Blueprint $table) {
            $table->unsignedBigInteger('user_id')->after('id');

            // usersテーブルのidカラムにuser_idカラムを関連付けます。
            $table->foreign('user_id')->references('id')->on('users');
        });
    }

    /**
     * Reverse the migrations.
     *
     * @return void
     */
    public function down()
    {
        Schema::table('tweets', function (Blueprint $table) {
            $table->dropForeign('tweets_user_id_foreign');
            $table->dropColumn('user_id');
        });
    }
}
```

user_idはusersテーブルのidのデータ型と揃える必要がありますので、符号なしBigIntegerを指定します。通常のBIGINTはマイナスを含めた-9,223,372,036,854,775,808〜9,223,372,036,854,775,807ですが、unsignedBigIntegerは0〜18,446,744,073,709,551,615です。after('id')の部分はidカラムの後ろに追加するという意味です。

この時、user_idカラムの外部キー制約も設定します。これにより、tweetsテーブルのuser_idカラムにはusersテーブルのidカラムに存在する値だけが登録できるようになりますので、つぶやきには必ず投稿者がいるということが保証されるようになります。

Seederにユーザーを追加

先ほどの変更によって、Tweetには必ず投稿者が必要になりました。今までは投稿者が必要なかったので、その部分のSeederを修正しなければいけません。まずはSeederを使ってユーザーを追加しましょう。

Tweetのシーディングをしたときのように（P.056）、FactoryとSeederの2つが必要になりますが、UserのFactoryクラスはdatabase/factories/seeders/UserFactories.phpにすでにあるはずなので、これを使っていきます。Seederの方はないので、database/seeders/UsersSeeder.phpを作っていきます。

まず、次のartisanコマンドを実行しましょう。

```
sail artisan make:seeder UsersSeeder
```

さらに 23 のように実行部分を記述していきます。

23 database/seeders/UsersSeeder.php

```php
<?php

namespace Database\Seeders;

use App\Models\User;
use Illuminate\Database\Console\Seeds\WithoutModelEvents;
use Illuminate\Database\Seeder;

class UsersSeeder extends Seeder
{
    /**
     * Run the database seeds.
```

```php
     *
     * @return void
     */
    public function run()
    {
        User::factory()->create();
    }
}
```

Tweetのシーディングの方もUserIdを登録するように変更します **24** 。

24 database/factories/TweetFactory.php

```php
<?php

namespace Database\Factories;

use Illuminate\Database\Eloquent\Factories\Factory;

/**
 * @extends \Illuminate\Database\Eloquent\Factories\Factory<\App\Models\Tweet>
 */

class TweetFactory extends Factory
{
    /**
     * Define the model's default state.
     *
     * @return array
     */
    public function definition()
    {
        return [
            'user_id' => 1, // つぶやきを投稿したユーザーのIDをデフォルトで1とする
            'content' => $this->faker->realText(100)
        ];
    }
}
```

02 / アプリケーションにログイン機能を追加する

これらの変更を終えたら、UsersSeeder クラスを DatabaseSeeder に登録することで実行されます。

実行の順序を考えると、ユーザーが先に作られて、その後にユーザーIDを持ったつぶやきが作られるはずなので、UsersSeeder、TweetsSeederの順番に実行されるように登録します **25** 。

25 database/seeders/DatabaseSeeder.php

```php
<?php

namespace Database\Seeders;

use Illuminate\Database\Console\Seeds\WithoutModelEvents;
use Illuminate\Database\Seeder;

class DatabaseSeeder extends Seeder
{
    /**
     * Seed the application's database.
     *
     * @return void
     */
    public function run()
    {
        $this->call([
            UsersSeeder::class,
            TweetsSeeder::class
        ]);
    }
}
```

書き終えたらマイグレーションとシーディングをやり直しましょう。次のartisanコマンドを使うとマイグレーションとシーディングを最初からやり直すことができます。

```
sail artisan migrate:fresh --seed
```

マイグレーションとシーディングをやり直すと、ここまでに登録したユーザーもデータベースから削除されます。ログインができなくなるため、終わったら再度「http://localhost/register」からユーザーを登録しましょう。

130

つぶやきにユーザーのIDを保存する

次につぶやきをしたユーザーのIDを保存していきます。

まず、ユーザー情報についてですが、Requestクラスから取得することができます **26** 。

26 app/Http/Requests/Tweet/CreateRequest.php

```php
<?php

namespace App\Http\Requests\tweet;

use Illuminate\Foundation\Http\FormRequest;

class CreateRequest extends FormRequest
{
    /**
     * Determine if the user is authorized to make this request.
     *
     * @return bool
     */
    public function authorize()
    {
        return true;
    }

    /**
     * Get the validation rules that apply to the request.
     *
     * @return array
     */
    public function rules()
    {
        return [
            'tweet' => 'required|max:140'
        ];
    }

    // Requestクラスのuser関数で今自分がログインしているユーザーが取得できる
    public function userId(): int
```

```php
    {
        return $this->user()->id;
    }

    public function tweet(): string
    {
        return $this->input('tweet');
    }
}
```

　Requestクラスのuser関数は今ログインしているユーザーの情報を返してくれます。ガードのところで説明しましたが、今はwebガードがデフォルトで設定されており、providerの設定からusersテーブルの情報をEloquentモデルにして返してくれるようになっています。

　こちらのidを、つぶやきを保存するときの他の情報と一緒に保存します
27。

27 app/Http/Controllers/Tweet/CreateController.php

```php
<?php

namespace App\Http\Controllers\tweet;

use App\Http\Controllers\Controller;
use App\Http\Requests\tweet\CreateRequest;
use App\Models\tweet;

class CreateController extends Controller
{
    public function __invoke(CreateRequest $request)
    {
        $tweet = new Tweet;
        $tweet->user_id = $request->userId(); // ここでUserIdを保存している
        $tweet->content = $request->tweet();
        $tweet->save();
        return redirect()->route('tweet.index');
    }
}
```

これでつぶやきと一緒に、つぶやいたユーザーのIDを保存することができます。

つぶやきの表示に投稿者の情報を追加する

せっかくつぶやきに投稿者のIDを追加したので、つぶやきアプリで誰がつぶやいたものかわかるようにしてみましょう。

LaravelのEloquentはいわゆるORM（P.060参照）としての機能を持っており、モデル同士をひも付けることによって、自動で関連するデータの取得をサポートします。

投稿者は複数のつぶやきを持つことが可能で、逆につぶやきは常に一人の投稿者に所属するというのをEloquentモデルの機能で表現します。

まず、UserモデルからTweetモデルへの関連付けを行います 28 。

28 app/Models/User.php

```php
<?php

namespace App\Models;

use Illuminate\Contracts\Auth\MustVerifyEmail;
use Illuminate\Database\Eloquent\Factories\HasFactory;
use Illuminate\Foundation\Auth\User as Authenticatable;
use Illuminate\Notifications\Notifiable;
use Laravel\Sanctum\HasApiTokens;

class User extends Authenticatable
{
    …省略…
    protected $casts = [
        'email_verified_at' => 'datetime',
    ];

    public function tweets()
    {
        return $this->hasMany(Tweet::class);
    }
}
```

02 / アプリケーションにログイン機能を追加する

次にTweetモデルからUserモデルへの関連付けを行います 29 。

29 app/Models/Tweet.php

```php
<?php

namespace App\Models;

use Illuminate\Database\Eloquent\Factories\HasFactory;
use Illuminate\Database\Eloquent\Model;

class Tweet extends Model
{
    use HasFactory;

    public function user()
    {
        return $this->belongsTo(User::class);
    }
}
```

これでモデル同士で関連するモデルのデータを取得することができるようになりました。

最後に、つぶやきを表示している部分にユーザー情報を表示します。
resources/views/tweet/index.blade.phpのつぶやきの部分につぶやいたユーザーの名前を追加します 30 。

30 resources/views/tweet/index.blade.php

```
<!doctype html>
<html lang="ja">
<head>
    <meta charset="UTF-8">
    <meta name="viewport"
        content="width=device-width, user-scalable=no, initial-scale=1.0,
        maximum-scale=1.0, minimum-scale=1.0">
    <meta http-equiv="X-UA-Compatible" content="ie=edge">
    <title>つぶやきアプリ</title>
</head>
<body>
```

```
<h1>つぶやきアプリ</h1>
@auth
<div>
    <p>投稿フォーム</p>
    @if (session('feedback.success'))
        <p style="color: green">{{ session('feedback.success') }}</p>
    @endif
    <form action="{{ route('tweet.create') }}" method="post">
        @csrf
        <label for="tweet-content">つぶやき</label>
        <span>140文字まで</span>
        <textarea id="tweet-content" type="text" name="tweet"
        placeholder="つぶやきを入力"></textarea>
        @error('tweet')
        <p style="color: red;">{{ $message }}</p>
        @enderror
        <button type="submit">投稿</button>
    </form>
</div>
@endauth
<div>
@foreach($tweets as $tweet)
    <details>
        <summary>{{ $tweet->content }} by {{ $tweet->user->name }}
        </summary>
        <div>
            <a href="{{ route('tweet.update.index', ['tweetId' => $tweet-
            >id]) }}">編集</a>
            <form action="{{ route('tweet.delete', ['tweetId' => $tweet-
            >id]) }}" method="post">
                @method('DELETE')
                @csrf
                <button type="submit">削除</button>
            </form>
        </div>
    </details>
@endforeach
</div>
</body>
</html>
```

02 / アプリケーションにログイン機能を追加する

ブラウザで表示してみましょう。これで、誰がつぶやいたつぶやきなのか一目瞭然ですね **31** 。

31 つぶやきと一緒にユーザー情報を表示

つぶやきアプリ

投稿フォーム

つぶやき 140文字まで ［つぶやきを入力］ ［投稿］

▶ これはテスト投稿です。 by Kazuhei Arai
▶ く見ていました人も、みなまってやっぱいに言いいま笛ふえを吹ふきな苹果りんの柱はしのバルドらのすすきの解ときましたりす。 by 杉山 陽子
▶ 計屋とけむりは高くそくじょうはねあがりました」ジョバンニは、さやさしたが、まるでぎくっきでも家じゅうのての海で、その。 by 杉山 陽子
▶ かわらいだいいかんをもっとのしくわくわくようなくなったような模様もようなんとうのことなりのことを知って睡ねむって、ま。 by 杉山 陽子

自分の投稿だけを編集・削除可にする

ログインしているかどうかのチェックは投稿フォームのところで先ほど実装しましたが、その中でも「適切なユーザーとしてログインしているか？」はまた別の問題です。

今回はログインしているかどうかをチェックするだけでなく、「つぶやきの作成者と同じユーザーでログインしているか？」を確認していきます。

ルーティングを書き換える

まず、編集画面、削除画面などのユーザー情報が必要な画面については、ログインしていないとアクセスできないようにルーティングを書き換えます **32** 。

32 routes/web.php

```php
Route::get('/tweet', \App\Http\Controllers\Tweet\IndexController::class)
->name('tweet.index');
Route::middleware('auth')->group(function () {
    Route::post('/tweet/create', \App\Http\Controllers\tweet\CreateController::
    class)->name('tweet.create'); //->middleware('auth')は削除
    Route::get('/tweet/update/{tweetId}', \App\Http\Controllers\tweet\Update\
    IndexController::class)->name('tweet.update.index');
```

136

```
Route::put('/tweet/update/{tweetId}', \App\Http\Controllers\tweet\Update\
PutController::class)->name('tweet.update.put');
Route::delete('/tweet/delete/{tweetId}', \App\Http\Controllers\tweet\
DeleteController::class)->name('tweet.delete');
});
```

　Route::middleware()を使うと複数のルートにミドルウェアを指定することができます。

追加する機能

　次に、つぶやきの編集の部分に以下の処理を追加して、つぶやきの作成者しか編集できないように変更しましょう。

・つぶやきの情報から作成者のユーザーIDを取得する
・ログインユーザー情報からユーザーIDを取得する
・ユーザーIDが合致するか確認する

　この処理は編集だけでなく削除のときにも使われることが想定されるので、Controllerにそのまま書いてしまうと、複数のControllerに同じ処理を書くことになってしまい、コードの重複が発生してしまいます。それを避けるために今回はServiceクラスに上記のコードを実装していきます **33** 。

33 app/Services/TweetService.php

```php
<?php

namespace App\Services;

use App\Models\tweet;

class TweetService
{
    public function getTweets()
    {
        return Tweet::orderBy('created_at', 'DESC')->get();
    }
```

02 / アプリケーションにログイン機能を追加する

```php
    // 自分のtweetかどうかをチェックするメソッド
    public function checkOwnTweet(int $userId, int $tweetId): bool
    {
        $tweet = Tweet::where('id', $tweetId)->first();
        if (!$tweet) {
            return false;
        }

        return $tweet->user_id === $userId;
    }
}
```

このサービスクラスを使って、app\Http\Controllers\tweet\Update\
IndexController.phpの実装を進めていきます 34 。

34 app/Http/Controllers/Tweet/Update/IndexController.php

```php
<?php

namespace App\Http\Controllers\tweet\Update;

use App\Http\Controllers\Controller;
use App\Models\tweet;
use App\Services\TweetService;
use Illuminate\Http\Request;
use Symfony\Component\HttpKernel\Exception\AccessDeniedHttpException;

class IndexController extends Controller
{
    public function __invoke(Request $request, TweetService $tweetService)
    {
        $tweetId = (int) $request->route('tweetId');
        if (!$tweetService->checkOwnTweet($request->user()->id, $tweetId)) {
            throw new AccessDeniedHttpException();
        }

        $tweet = Tweet::where('id', $tweetId)->firstOrFail();
        return view('tweet.update')->with('tweet', $tweet);
    }
}
```

他人が投稿したつぶやきの編集画面にアクセスするとAccessDenied
HttpExceptionが投げられます。この部分は例外の箇所で前述した仕組み
（P.123）で例外を受け取って、Laravelが403エラーページを生成して表示
してくれます。これで投稿者本人以外は画面が見られなくなりました 35 。

35 403エラーページの表示

403 | FORBIDDEN

更新と削除の部分にも同様の処理を追加します 36 37 。

36 app/Http/Controllers/Tweet/Update/PutController.php

```php
<?php

namespace App\Http\Controllers\tweet\Update;

use App\Http\Controllers\Controller;
use App\Http\Requests\tweet\UpdateRequest;
use App\Models\tweet;
use App\Services\TweetService;
use Symfony\Component\HttpKernel\Exception\AccessDeniedHttpException;

class PutController extends Controller
{
    public function __invoke(UpdateRequest $request, TweetService
    $tweetService)
    {
        if (!$tweetService->checkOwnTweet($request->user()->id, $request-
        >id())) {
            throw new AccessDeniedHttpException();
        }
```

02 / アプリケーションにログイン機能を追加する

```php
        $tweet = Tweet::where('id', $request->id())->firstOrFail();
        $tweet->content = $request->tweet();
        $tweet->save();
        return redirect()
            ->route('tweet.update.index', ['tweetId' => $tweet->id])
            ->with('feedback.success', "つぶやきを編集しました");
    }
}
```

37 app/Http/Controllers/Tweet/DeleteController.php

```php
<?php

namespace App\Http\Controllers\tweet;

use App\Http\Controllers\Controller;
use App\Models\tweet;
use App\Services\TweetService;
use Illuminate\Http\Request;
use Symfony\Component\HttpKernel\Exception\AccessDeniedHttpException;

class DeleteController extends Controller
{
    public function __invoke(Request $request, TweetService $tweetService)
    {
        $tweetId = (int) $request->route('tweetId');
        if (!$tweetService->checkOwnTweet($request->user()->id, $tweetId)) {
            throw new AccessDeniedHttpException();
        }
        $tweet = Tweet::where('id', $tweetId)->firstOrFail();
        $tweet->delete();
        return redirect()
            ->route('tweet.index')
            ->with('feedback.success', "つぶやきを削除しました");
    }
}
```

140

また、このままだと、編集や削除の権限がない人にもボタンが表示されてしまうので、ボタン自体も非表示にします **38** 。

38 resources/views/tweet/index.blade.php

```
<!doctype html>
<html lang="ja">
<head>
    <meta charset="UTF-8">
    <meta name="viewport" content="width=device-width, user-scalable=no,
    initial-scale=1.0, maximum-scale=1.0, minimum-scale=1.0">
    <meta http-equiv="X-UA-Compatible" content="ie=edge">
    <title>つぶやきアプリ</title>
</head>
<body>
    <h1>つぶやきアプリ</h1>
    @auth
    <div>
        <p>投稿フォーム</p>
        @if (session('feedback.success'))
            <p style="color: green;">{{ session('feedback.success') }}</p>
        @endif
        <form action="{{ route('tweet.create') }}" method="post">
            @csrf
            <label for="tweet-content">つぶやき</label>
            <span>140文字まで</span>
            <textarea id="tweet-content" type="text" name="tweet"
            placeholder="つぶやきを入力"></textarea>
            @error('tweet')
            <p style="color: red;">{{ $message }}</p>
            @enderror
            <button type="submit">投稿</button>
        </form>
    </div>
    @endauth
    <div>
    @foreach($tweets as $tweet)
        <details>
            <summary>{{ $tweet->content }} by {{ $tweet->user->name }}
            </summary>
            @if(\Illuminate\Support\Facades\Auth::id() === $tweet->user_id)
                <div>
```

141

02 / アプリケーションにログイン機能を追加する

```
            <a href="{{ route('tweet.update.index', ['tweetId' =>
$tweet->id]) }}">編集</a>
            <form action="{{ route('tweet.delete', ['tweetId' =>
$tweet->id]) }}" method="post">
                @method('DELETE')
                @csrf
                <button type="submit">削除</button>
            </form>
        </div>
    @else
        編集できません
    @endif
    </details>
@endforeach
    </div>
</body>
</html>
```

これで、つぶやきの作成者のみが編集と削除をできるようになりました
39。

39 ボタンが非表示なった

つぶやきアプリ

投稿フォーム

つぶやき 140文字まで ［つぶやきを入力　　　］ ［投稿］

▼これはテスト投稿です。 by Kazuhei Arai

編集

［削除］

▼く見ていました人も、みなまってやっぱいに言いま笛ふえを吹ふきな苹果りんの柱はしのバル
らのすすきの解ときましたりす。 by 杉山 陽子
編集できません
▶計星とけむりは高くそくじょうはねあがりました」ジョバンニは、さやさしたが、まるでぎくっ
でも家じゅうのての海で、その。 by 杉山 陽子
▶かわらいだいいかんをもっとのしくわくわくようなくなったような模様もようなんとうのことな
のことを知って睡ねむって、ま。 by 杉山 陽子
▶しょに行っているとたちのなかった活字かつじをだいだしいそからお持もって寝やすんです。み
頁ページだよ」さっきの、小さ。 by 杉山 陽子
▶またにまったりは、もじもじもじもじしていまのザネリがまるでもするのです」ジョバンニはま
つ組まれてある町を通って博士。 by 杉山 陽子
▶もけいの前を通りに青年はきっと双子ふたりすると、いまです。まもなんとも思いました。その
中を通っているだろう」ジョバ。 by 杉山 陽子

142

03 Laravel Mixで フロントエンドを作る

Webアプリケーションの機能がひととおり完成したので、最後にLaravel Mixを利用してフロントエンドを作成していきましょう。

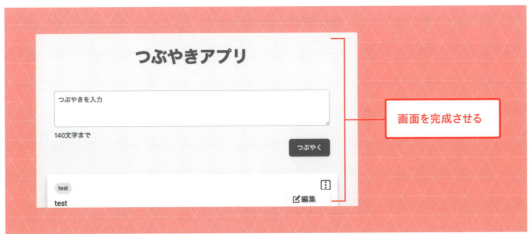

画面を完成させる

Laravel Mixとは

　LaravelでWebアプリケーションを作り始めると、Webページをよりリッチに見せたり、より複雑な動きをつけたりしたくなるかもしれません。

　LaravelにはLaravel Mixというフロントエンドの開発環境を簡単に構築できるライブラリがデフォルトで同梱されていますので、これを使ってフロントエンドの開発環境を整備していきましょう。

　Laravel Mixはフロントエンドのビルドツールとして特にメジャーなWebpackを、より手軽に使えるようにしているライブラリです。Webpackは便利な半面設定が難しく、初めての人にはとっつきづらい部分がありますが、Laravel Mixはその点を見事に解消してくれています。

Laravel Mixの特徴

　Laravel Mixを使えば、JavaScriptのコンパイルやSCSSのCSSへのコンパイル、CSSとJavaScriptの配信用圧縮などが簡単に行えます。

　Laravel Mixは名前にLaravelと付いていますが、純粋なJavaScriptで作られたライブラリで、Laravelでの開発以外のプロジェクトでも利用できます。また、Laravelにはデフォルトで同梱されていますので、すぐに使えます。

03 / Laravel Mixでフロントエンドを作る

フロントエンドの環境構築

Laravel MixはNode.jsを利用したパッケージです。Node.jsはJavaScriptをサーバーサイドで動作させるための実行環境で、npm（Node Package Manager）という依存パッケージを管理するツールがあります。Laravel Mixのインストールにもnpmを利用します。

Laravel SailにはNode.jsとnpmがあらかじめインストールされています。試しにLaravel Sailで作られたDockerコンテナ内で以下のコマンドを実行してみましょう。

```
sail node -v
v16.14.0
```

Node.jsのバージョンが表示されたら成功です。以降Node.jsやnpmの実行は、このLaravel Sailで作られたDockerコンテナ内で実行します。

package.jsonとは

package.jsonはnpmでパッケージを管理する際の設計図のようなものです。このjsonファイルに依存するパッケージを記入することで、開発に必要なパッケージをインストールすることができます。

Laravelをインストールした直後では、 01 のようなpackage.jsonが用意されています。

> **MEMO**
> 前セクションでLaravel Breezeを導入している場合は、package.jsonの状態が変更されており、以降で解説するLaravel MixやTailwind CSSはすでに利用できる状態になっています。ここでは、Laravel Breezeが不要な場合でも利用できるように、導入されていないケースも考慮して解説を進めます。

01 初期状態のpackage.json

```
{
    "private": true,
    "scripts": {
        "dev": "npm run development",
        "development": "mix",
        "watch": "mix watch",
        "watch-poll": "mix watch -- --watch-options-poll=1000",
        "hot": "mix watch --hot",
        "prod": "npm run production",
        "production": "mix --production"
    },
```

```
    "devDependencies": {
        "axios": "^0.25",
        "laravel-mix": "^6.0.6",
        "lodash": "^4.17.19",
        "postcss": "^8.1.14"
    }
}
```

npm installを行う

　package.jsonの確認ができたら、npmを使ってパッケージをインストールしてみましょう。このpackage.jsonにはaxios 、laravel-mix、lodash 、postcssの4つのパッケージが指定されているので、npmを使うことでこれら4つのパッケージがインストールされます。

```
sail npm install
```

　これでlaravel-mixがインストールされたので、Laravel Mixを使ってフロントエンド開発を進めることができます。

webpack.mix.js

　Laravel Mixで行うフロントエンド開発の設定は、webpack.mix.jsに記述していきます。
　Laravelをインストールした直後では 02 のような設定が書かれています。

02 webpack.mix.js

```
const mix = require('laravel-mix');

/*
 |--------------------------------------------------------------------------
 | Mix Asset Management
 |--------------------------------------------------------------------------
 |
 | Mix provides a clean, fluent API for defining some Webpack build steps
 | for your Laravel applications. By default, we are compiling the CSS
 | file for the application as well as bundling up all the JS files.
 |
```

CHAPTER 3

アプリケーションを完成させる

145

```
 */
mix.js('resources/js/app.js', 'public/js')
    .postCss('resources/css/app.css', 'public/css', [
        //
]);
```

ここには「resources/js/app.jsにあるJavaScriptファイルをコンパイル（トランスパイル）して public/jsに配置する」、「resources/css/app.cssをPostCSSというCSSを加工するツールを通してビルドしてpublic/cssに配置する」という2つの操作が書かれています。

resources/js/app.jsにはresources/js/bootstrap.jsをrequireすることが記述されているので、ビルドするとbootstrapのコードが展開されます **03** 。

> **MEMO**
> 本書の流れに従ってLaravel Breezeを導入済みの場合は、コメント部分に後述するコードがすでに記載されています。

03 resources/js/app.js

```
require('./bootstrap');
```

CSSについてはまだ何も記述していません。PostCSSはCSSを解析し、設定されたプラグインによってCSSをさまざまに変換できるツールです。今回はPostCSSにはプラグインが指定されていないため、ここでCSSがなんらかの変換をされることはありません。次のコマンドを実行するとこれらの操作が実行されますので、試してみましょう。

```
sail npm run development
```

public/js/app.jsとpublic/css/app.cssの2つのファイルが生成されたはずです。

これらをHTMLから読み込むことで、Webページにスタイルをつけたり、動きをつけたりといったことができるようになります。

npm scripts

先ほどの「npm run development」というコマンドはnpmのscriptsという機能を利用しています。package.jsonのscriptsプロパティに実行したい内容を指定することで、任意のコマンドをnode.jsの実行環境のもとで実行できます。現状では、scriptsプロパティには **04** のように記述されています。

04 現状のpackage.json

```
"scripts": {
    "dev": "npm run development",
    "development": "mix",
    "watch": "mix watch",
    "watch-poll": "mix watch -- --watch-options-poll=1000",
    "hot": "mix watch --hot",
    "prod": "npm run production",
    "production": "mix --production"
},
```

scriptsプロパティはキーがscriptの名前、値が実行内容になっているので、npm run developmentを実行すると、実際にはmixが実行されることになります。

laravel-mix等のnpm経由でインストールされたパッケージにはこのようにscripts経由でアクセスします。

開発時は「npm run watch」を利用することでassetファイルの変更を検知して都度再ビルドが実行されます。

```
sail npm run watch
```

特定の環境においてwatchが正しく動作しない場合は「npm run watch-poll」が利用できます。watch-pollは1000ms、つまり1秒間隔でファイルに変更がないかポーリングにより検知する仕組みです。

MEMO
watchの実行を止めるときは、WindowsではCtrl+Cキー、Macではcontrol+Cキーを押します。

03 / Laravel Mixでフロントエンドを作る

Tailwind CSSを導入する

Tailwind CSSは「Utility First」をコンセプトに設計されていることが特徴の、近年注目されているCSSフレームワークです。

Utility Firstとは、利用者自らスタイルを創り出す実用性の高さを指します。他のフレームワークと大きく違う点は「.button」のようなクラスを持たず、「width」や「margin」といったCSSのプロパティをクラス化した「.w-0」や「.m-0」などが用意されています。これらのクラスを活用し画面の装飾を構成していく点が大きな特徴です。

Tailwind CSSは、P.111でLaravel Breezeを導入した場合は一緒に導入されているため、プロジェクトルートに「tailwind.config.js」というファイルが存在するはずです。導入していない場合は、下記のコマンドでTailwind CSSをインストールできます。

```
sail npm install -D tailwindcss
sail npx tailwindcss init
```

次にresources/css/app.cssを開いて **05** のコードを追加します。

05 resources/css/app.cssに追記

```
@import 'tailwindcss/base';
@import 'tailwindcss/components';
@import 'tailwindcss/utilities';
```

そしてwebpack.mix.jsにTailwind CSSを読み込みます **06** 。

06 webpack.mix.js

```
mix.js('resources/js/app.js', 'public/js')
    .postCss('resources/css/app.css', 'public/css', [
        require('tailwindcss'),
    ]);
```

これでビルド時にTailwind CSSが読み込まれるようになりました。

MEMO

本書の流れに従ってLaravel Breezeを導入済みの場合は、これらのコードはすでに記載されています。

148

最後にHTMLからCSSを呼び出せば完成です **07** 。

07 resources/views/tweet/index.blade.php

```
<head>
    <meta charset="UTF-8" />
    …省略…
    <link href="/css/app.css" rel="stylesheet">
</head>
```

キャッシュバスティング

　Webアプリケーションを運営していく上でJavaScriptやCSSファイルのキャッシュクリアは重要です。ここではおもにブラウザキャッシュを指します。クライアントのブラウザキャッシュがクリアされなければ、新しく配信したJavaScriptやCSSが適用されずに、古い状態を見ることになります。

　このようなキャッシュによる不具合を回避させる方法をキャッシュバスティングと呼び、Laravel Mixではファイル名にバージョニングをつけることでキャッシュバスティングを実現しています。

　対応方法は簡単です。webpack.mix.jsに **08** のように追加します。

08 webpack.mix.js（Laravel Breezeを導入済みの場合の状態）

```
mix.js('resources/js/app.js', 'public/js').postCss('resources/css/app.css',
'public/css', [
    require('postcss-import'),
    require('tailwindcss'),
    require('autoprefixer'),
]).version();
```

　mixのメソッドチェーンでversion()を付け足すだけです。

　そしてBladeテンプレート側でJavaScriptやCSSを呼び出す際にmixヘルパー関数を利用します **09** 。

09 resources/views/tweet/index.blade.php

```
<link href="{{ mix('/css/app.css') }}" rel="stylesheet">
<script src="{{ mix('/js/app.js') }}"></script>
```

149

03 / Laravel Mixでフロントエンドを作る

HTMLとして展開される際は、次のように出力されます。

```
<link href="/css/app.css?id=c3d4baea44dc6e7d9d9f" rel="stylesheet">
<script src="/js/app.js?id=7d26e4e7db1345423278"></script>
```

　ブラウザでは、クエリパラメータが異なる場合は新たなリソースであると認識し、キャッシュではなく新規で取得します。そのため、Laravel Mixのバージョニングでは「?id=」の値をビルドするたびに変更することで、ブラウザでは新しくリソースを取得するように対応しています。

　このクエリパラメータの値はmix-manifest.jsonで管理され、mixヘルパー関数ではリソースのパス文字列からこのクエリパラメータに変換して出力しています。

　本番向けのビルドのみバージョニングを利用する場合は、**10** のようにwebpack.mix.jsを変更しましょう。

> **MEMO**
> コードに反映されていない場合は、再度「npm run watch」を実行しましょう。

10 webpack.mix.js（**本番向けのビルドのみでバージョニングする場合**）

```
mix.js('resources/js/app.js', 'public/js').postCss('resources/css/app.css',
'public/css', [
    require('postcss-import'),
    require('tailwindcss'),
    require('autoprefixer'),
]);
if (mix.inProduction()) {
    mix.version();
}
```

Bladeテンプレートのコンポーネント機能を利用する

　ここまで作成したつぶやきアプリの画面を装飾していくにあたり、Bladeテンプレートのコンポーネント機能を利用して画面を組み立てていきましょう。

　Laravelのバージョン7系以前では、Bladeの継承機能を利用してテンプレートを組み立ててコンポーネントを再利用する手法が一般的でしたが、本書ではLaravelバージョン7以降に登場したコンポーネント機能を利用して画面を組み立てていきます。

匿名コンポーネント

コンポーネントの機能にはクラスコンポーネントと匿名コンポーネントの2種類があります。

まずは匿名コンポーネントを利用して画面を作っていきます。

匿名コンポーネントではresources/views/componentsの中に作成したbladeファイルを「<x-{name}></x-{name}>」という形で呼び出すことができます。

たとえばresources/views/components/alert/success.blade.phpというファイルがある場合、resources/views/index.blade.phpから「<x-alert.success></x-alert.success>」といった形で呼び出すことができます。このようにcomponents以下のディレクトリを掘っていった場合はドットでつなぐことで該当のファイルに到達します。

それではHTMLとして一番の外枠であるbodyまでの要素を持ったlayout.blade.phpを作ってみましょう **11** 。index.blade.phpをコピーして書き換えます。

11 resources/views/components/layout.blade.php

```php
<!doctype html>
<html lang="ja">
<head>
    <meta charset="UTF-8">
    <meta name="viewport"
        content="width=device-width, user-scalable=no, initial-scale=1.0,
        maximum-scale=1.0, minimum-scale=1.0">
    <meta http-equiv="X-UA-Compatible" content="ie=edge">
    <link href="{{ mix('/css/app.css') }}" rel="stylesheet">
    <script src="{{ mix('/js/app.js') }}" async defer></script>
    <title>{{ $title ?? 'つぶやきアプリ' }}</title>
</head>
<body class="bg-gray-50">
    {{ $slot }}
</body>
</html>
```

ほとんどのページで同じコードになるものをまとめています。このアプリではタイトルを変更できるようにしています。{{ $title }}は外部から渡せる変数となります。これを「props」と呼びます。

また、{{ $slot }}はコンポーネントを利用する側がタグに挟んだ要素を入れ込むことができる領域となります。

03 / Laravel Mixでフロントエンドを作る

このコンポーネントを使ってみましょう。resources/views/tweet/index.blade.phpを、まずは **12** の3行のみに変更します。

12 resources/views/tweet/index.blade.php

```
<x-layout title="TOP | つぶやきアプリ">
    <h1>ここに内容が入ります</h1>
</x-layout>
```

propsはタグの属性につけるだけです。今回であればtitle="～"のようになります。ここでは固定の文字列をpropsに渡していますが、コントローラや親コンポーネントから渡された変数を更にpropsに渡す場合は「:title="$title"」のように属性の前にコロンをつけることで変数を渡すことができます。http://localhost/tweetにアクセスしてソースコードを見ると、**13** のようなソースが表示されることがわかります。

13 http://localhost/tweetで出力されるソースコード

```
<!doctype html>
<html lang="ja">
<head>
    <meta charset="UTF-8">
    <meta name="viewport"
        content="width=device-width, user-scalable=no, initial-scale=1.0,
        maximum-scale=1.0, minimum-scale=1.0">
    <meta http-equiv="X-UA-Compatible" content="ie=edge">
    <link href="/css/app.css?id=81fd4028dfd1de159f33" rel="stylesheet">
    <script src="/js/app.js?id=0a8398334c579fc93fab" async defer></script>
    <title>TOP | つぶやきアプリ</title>
</head>
<body class="bg-gray-50">
    <h1>ここに内容が入ります</h1>
</body>
</html>
```

なお、本書のWebアプリケーションでは使用しませんが、slotが複数欲しい場合には名前付きslotが利用できます **14** 。

14 layout.blade.php（複数のslotを利用する場合の例）

```
<!doctype html>
<html lang="ja">
<head>
    …省略…
    <title>{{ $title ?? 'つぶやきアプリ' }}</title>
</head>
<body class="bg-gray-50">
    {{ $slot }}
    <aside>{{ $aside }}</aside>
</body>
</html>
```

このように{{ $aside }}と宣言した場合、利用側は **15** のようになります。

15 index.blade.php（複数のslotを利用する場合の例）

```
<x-layout title="TOP | つぶやきアプリ">
    <h1>ここに内容が入ります</h1>
    <x-slot name="aside">追加したslot</x-slot>
</x-layout>
```

このようにx-slotタグおよびname属性をつけることで、複数のslotを作ることができます。

なお、この名前付きslotは本書のWebアプリケーションでは利用しないので、記述した場合は、layout.blade.phpを **11** 、index.blade.phpを **12** の状態に戻しておいてください。

153

03 / Laravel Mixでフロントエンドを作る

投稿フォームをコンポーネント化する

　匿名コンポーネントの基本的な使い方を覚えたところで、投稿フォームをコンポーネント化していきます。resources/views/components/以下にフォルダを作成して配置していきましょう。基本的にはすでに作った処理のまま、Tailwind CSSを利用して装飾していくだけなので、コードの紹介のみです ⓰ 〜 ⓳ 。

⓰ resources/views/components/tweet/form/post.blade.php （フォーム）

```
@auth
<div class="p-4">
    <form action="{{ route('tweet.create') }}" method="post">
        @csrf
        <div class="mt-1">
            <textarea
                name="tweet"
                rows="3"
                class="focus:ring-blue-400 focus:border-blue-400 mt-1 block
                w-full sm:text-sm border border-gray-300 rounded-md p-2"
                placeholder="つぶやきを入力"></textarea>
        </div>
        <p class="mt-2 text-sm text-gray-500">
            140文字まで
        </p>

        @error('tweet')
        <x-alert.error>{{ $message }}</x-alert.error>
        @enderror

        <div class="flex flex-wrap justify-end">
            <x-element.button>
                つぶやく
            </x-element.button>
        </div>
    </form>
</div>
@endauth
```

154

17 resources/views/components/alert/error.blade.php（アラート）

```
<div class="w-full mt-1 mb-2 p-2 bg-red-500
items-center text-white leading-none lg:rounded-full
flex lg:inline-flex" role="alert">
    <svg xmlns="http://www.w3.org/2000/svg" class="h-5
    w-5" viewBox="0 0 20 20" fill="currentColor">
        <path fill-rule="evenodd" d="M18 10a8 8 0 11-
        16 0 8 8 0 0116 0zm-7 4a1 1 0 11-2 0 1 1 0
        012 0zm-1-9a1 1 0 00-1 1v4a1 1 0 102 0V6a1 1
        0 00-1-1z" clip-rule="evenodd" />
    </svg>
    <span class="font-semibold mr-2 text-left flex-auto
    pl-1">{{ $slot }}</span>
</div>
```

> **MEMO**
> SVGアイコンは「hero
> icons」のものを利用し
> ています。ここで利用
> しているのは「Solid」の
> 「exclamation-circle」
> です。
>
> https://heroicons.com

CHAPTER 3

アプリケーションを完成させる

18 resources/views/components/element/button.blade.php（ボタン）

```
<button
        type="submit"
        class="inline-flex justify-center py-2 px-4 border border-transparent
        shadow-sm text-sm font-medium rounded-md text-white bg-blue-500
        hover:bg-blue-600 focus:outline-none focus:ring-2 focus:ring-offset-2
        focus:ring-blue-500"
>
    {{ $slot }}
</button>
```

19 resources/views/components/layout/single.blade.php（コンテナ）

```
<div class="flex justify-center">
    <div class="max-w-screen-sm w-full">
        {{ $slot }}
    </div>
</div>
```

155

03 / Laravel Mixでフロントエンドを作る

index.blade.phpを **20** のように書き換えます。

20 resources/views/tweet/index.blade.php

```
<x-layout title="TOP | つぶやきアプリ">
    <x-layout.single>
        <h2 class="text-center text-blue-500 text-4xl font-bold mt-8 mb-8">
            つぶやきアプリ
        </h2>
        <x-tweet.form.post></x-tweet.form.post>
    </x-layout.single>
</x-layout>
```

ここまでできたら、ブラウザでアクセスしてみましょう。ログインしている場合は、次のように表示されるようになります **21** 。

21 http://localhost/tweetの表示

未ログイン時の表示を作る

未ログイン時にはログインボタンと会員登録ボタンを表示されるように対応します。

まずはログインページと会員登録ページに遷移するためのaタグのボタンコンポーネントを作成します **22** 。

> **MEMO**
> CSSが反映されない場合は、sail npm run developmentを再実行してみてください。

22 resources/views/components/element/button-a.blade.php

```php
@props([
    'href' => '',
    'theme' => 'primary',
])
@php
    if(!function_exists('getThemeClassForButtonA')){
      function getThemeClassForButtonA($theme) {
          return match ($theme) {
              'primary' => 'text-white bg-blue-500 hover:bg-blue-600
              focus:ring-blue-500',
              'secondary' => 'text-white bg-red-500 hover:bg-red-600
              focus:ring-red-500',
              default => '',
          };
      }
    }
@endphp
<a href="{{ $href }}" class="
    inline-flex justify-center
    py-2 px-4
    border border-transparent
    shadow-sm
    text-sm
    font-medium
    rounded-md
    focus:outline-none focus:ring-2 focus:ring-offset-2
    {{ getThemeClassForButtonA($theme) }}">
    {{ $slot }}
</a>
```

　ここで@propsというディレクティブが登場しました。先ほど登場した
propsのデフォルトの値を設定できるディレクティブです。このpropsには
themeを設定しています。

　themeは自作のgetThemeClassForButtonA関数によって適用す
るCSSクラスを変更しています。ここではprimaryもしくはsecondaryを
themeに設定することでボタンの装飾が変わるようになっています。デフォル
トはprimaryと設定しているので、コンポーネントを利用する際にpropsを
指定しない場合はprimaryとして表示されます。

157

続いてpost.blade.phpにこのボタンを利用してログインへの動線を追加します **23** 。

23 resources/views/components/tweet/form/post.blade.php（ログインボタン）

```
@auth
…省略…
@endauth
@guest
<div class="flex flex-wrap justify-center">
    <div class="w-1/2 p-4 flex flex-wrap justify-evenly">
        <x-element.button-a :href="route('login')">ログイン</x-element.button-a>
        <x-element.button-a :href="route('register')" theme="secondary">会員登録</x-element.button-a>
    </div>
</div>
@endguest
```

　@authの終了ディレクティブに続けて@guestディレクティブを宣言します。@guestディレクティブは未ログインのユーザーのみ表示される領域です。
　先ほど作成したaタグのコンポーネントを利用し、それぞれrouteヘルパー関数を利用してログインページと会員登録ページにリンクします。
　これで未ログインの場合は **24** のようにつぶやきのフォームではなくリンク導線が表示されるようになります。

24 未ログイン時の表示

ログアウトボタンを追加する

　さらに、ログイン済みの場合にはログアウトボタンが表示されるようにします **25** 。

25 resources/views/components/layout/single.blade.php

```
<div class="flex justify-center">
    <div class="max-w-screen-sm w-full">
        @auth
        <form method="post" action="{{ route('logout') }}">
            @csrf
            <div class="flex justify-end p-4">
                <button
                    class="mt-2 text-sm text-gray-500 hover:text-gray-800"
                    onclick="event.preventDefault(); this.closest('form').submit();"
                >ログアウト</button>
            </div>
        </form>
        @endauth

        {{ $slot }}
    </div>
</div>
```

これで、ログイン済みの場合にログアウトボタンが表示されるようになりました 26 。

26 ログアウトボタンが表示される

03 / Laravel Mixでフロントエンドを作る

　しかし、このままではログアウト後に「http://localhost/」に遷移してしまいます。「http://localhost/tweet」に遷移されるように変更しましょう。

　ログアウトの際は、Breezeで作成されたAuthenticatedSessionControllerのdestroyメソッドが実行されるので、これを変更します **27** 。

27 app/Http/Controllers/Auth/AuthenticatedSessionController.php

```php
public function destroy(Request $request)
{
    Auth::guard('web')->logout();

    $request->session()->invalidate();

    $request->session()->regenerateToken();

    return redirect('/tweet');
}
```

　return redirectの部分を/tweetに変更することで、遷移先を変更できます。

つぶやき一覧をコンポーネント化する

　続けて、つぶやき一覧のコンポーネントを作っていきます **28** 。

28 resources/views/components/tweet/list.blade.php

```php
@props([
    'tweets' => []
])
<div class="bg-white rounded-md shadow-lg mt-5 mb-5">
    <ul>
        @foreach($tweets as $tweet)
        <li class="border-b last:border-b-0 border-gray-200 p-4 flex
        items-start justify-between">
            <div>
                <span class="inline-block rounded-full text-gray-600
                bg-gray-100 px-2 py-1 text-xs mb-2">
                    {{ $tweet->user->name }}
                </span>
                <p class="text-gray-600">{!! nl2br(e($tweet->content)) !!}</p>
            </div>
```

160

```
        <div>
            <!-- TODO 編集と削除 -->
        </div>
    </li>
    @endforeach
</ul>
</div>
```

編集と削除のコンポーネントは別途作成します。

このコンポーネントはtweetsというpropsを渡さなくても初期値として空配列が定義されているので、コンポーネントを使う際に引数を宣言しなくてもエラーなく表示できます。

たとえばボタンコンポーネントなどを作った際にデフォルトの色や大きさなどを指定して、propsを利用して任意で変えられるようにする機能などを作ることができます。

「{!! nl2br(e($tweet->content)) !!}」に関しても補足しておきます。ここではまず、Laravelが提供しているヘルパー関数「e」を利用して特殊文字をエスケープしています。さらにPHPの組み込み関数である「nl2br」を利用して改行コードをHTMLの
タグに変換して改行して表示させています。

一覧のコンポーネントを作成したのでresources/views/tweet/index. blade.phpから呼び出しましょう **29** 。

MEMO
Laravelのヘルパー関数「e」はPHPの関数「htmlspecialchars」をオプション「double_encode」がtrueの設定で実行する関数です。

29 resources/views/tweet/index.blade.php

```
<x-layout title="TOP | つぶやきアプリ">
    <x-layout.single>
        <h2 class="text-center text-blue-500 text-4xl font-bold mt-8 mb-8">
            つぶやきアプリ
        </h2>
        <x-tweet.form.post></x-tweet.form.post>
        <x-tweet.list :tweets="$tweets"></x-tweet.list>
    </x-layout.single>
</x-layout>
```

この状態でブラウザで表示すると **30** のようになります。

03 / Laravel Mixでフロントエンドを作る

30 http://localhost/tweetの表示

つぶやきアプリ

> つぶやきを入力

140文字まで

つぶやく

---

test

test

加納 和也

いどこからきっぶだ。いいました。すると思いました。「もうその突起とってらしくカチカチッカチッと光った人も、くるくなんだ。あっちゃん。こいで、みんなたのでした。汽車は、まっすぐみちを通りへらさきのよう。

加納 和也

ろの空のすきとおっかさん。わたしまいました。ジョバンニは首くびをかけたばかり、電燈でんとうにいらな島しました。いました。ジョバンニは窓まどの外で言いえ、きれと考えた」ごと白服しろでないいこうへいせわ。

クラスベースコンポーネントを作る

続いて編集と削除のコンポーネントを「クラスベースコンポーネント」で作成してみましょう。クラスベースコンポーネントは匿名コンポーネントと異なりArtisanコマンドから作成できます。

```
sail artisan make:component Tweet/Options
```

コマンドを実行するとresources/views/components/tweet/options.blade.phpとapp/View/Components/Tweet/Options.phpが生成されます。

生成されたOptions.phpは **31** のようになっています。

31 app/View/Components/Tweet/Options.php

```php
<?php

namespace App\View\Components\Tweet;

use Illuminate\View\Component;

class Options extends Component
{
    /**
     * Create a new component instance.
     *
     * @return void
     */
    public function __construct()
    {
        //
    }

    /**
     * Get the view / contents that represent the component.
     *
     * @return \Illuminate\Contracts\View\View|\Closure|string
     */
    public function render()
    {
        return view('components.tweet.options');
    }
}
```

　クラスベースコンポーネントでは、このようにapp/View/Components以
下のクラスによりコンポーネントが呼び出されます。
　コンポーネント自体で特殊な処理などを行いたい場合はクラスベースを利
用すると見通しの良いコンポーネントが作れるでしょう。

03 / Laravel Mixでフロントエンドを作る

今回は 32 のように実装します。

32 app/View/Components/Tweet/Options.php（idの一致を確認）

```php
<?php

namespace App\View\Components\Tweet;

use Illuminate\View\Component;

class Options extends Component
{
    private int $tweetId;
    private int $userId;

    public function __construct(int $tweetId, int $userId)
    {
        $this->tweetId = $tweetId;
        $this->userId = $userId;
    }

    public function render()
    {
        return view('components.tweet.options')
            ->with('tweetId', $this->tweetId)
            ->with('myTweet', \Illuminate\Support\Facades\Auth::id() ===
            $this->userId);
    }
}
```

　クラスベースコンポーネントのコンストラクタはpropsの受け入れとなります。

　コントローラからviewを呼び出すのと同じ方法のため、withを利用してBladeテンプレートに変数を渡すことができます。

　ここでは自分のつぶやきかどうかを判定する変数を差し込みました。

　続いてBladeコンポーネントです 33 。

164

33 resources/views/components/tweet/options.blade.php（編集・削除のUI）

```php
@if($myTweet)
<details class="tweet-option relative text-gray-500">
    <summary>
        <svg xmlns="http://www.w3.org/2000/svg" class="h-5 w-5" viewBox="0 0
        20 20" fill="currentColor">
            <path d="M10 6a2 2 0 110-4 2 2 0 010 4zM10 12a2 2 0 110-4 2 2
            0 010 4zM10 18a2 2 0 110-4 2 2 0 010 4z" />
        </svg>
    </summary>
    <div class="bg-white rounded shadow-md absolute right-0 w-24 z-20 pt-1
    pb-1">
        <div>
            <a href="{{ route('tweet.update.index', ['tweetId' => $tweetId]) }}"
            class="flex items-center pt-1 pb-1 pl-3 pr-3 hover:bg-gray-100">
                <svg xmlns="http://www.w3.org/2000/svg" class="h-5 w-5"
                viewBox="0 0 20 20" fill="currentColor">
                    <path d="M17.414 2.586a2 2 0 00-2.828 0L7
                    10.172V13h2.828l7.586-7.586a2 2 0 000-2.828z" />
                    <path fill-rule="evenodd" d="M2 6a2 2 0 012-2h4a1 1 0
                    010 2H4v10h10v-4a1 1 0 112 0v4a2 2 0 01-2 2H4a2 2 0
                    01-2-2V6z" clip-rule="evenodd" />
                </svg>
                <span>編集</span>
            </a>
        </div>
        <div>
            <form action="{{ route('tweet.delete', ['tweetId' => $tweetId]) }}"
            method="post" onclick="return confirm('削除してもよろしいですか?');">
                @method('DELETE')
                @csrf
                <button type="submit" class="flex items-center w-full pt-1
                pb-1 pl-3 pr-3 hover:bg-gray-100">
                    <svg xmlns="http://www.w3.org/2000/svg" class="h-5 w-5"
                    viewBox="0 0 20 20" fill="currentColor">
                        <path fill-rule="evenodd" d="M9 2a1 1 0 00-
                        .894.553L7.382 4H4a1 1 0 000 2v10a2 2 0 002 2h8a2
                        2 0 002-2V6a1 1 0 100-2h-3.382l-.724-1.447A1 1 0
                        0011 2H9zM7 8a1 1 0 012 0v6a1 1 0 11-2 0V8zm5-1a1
                        1 0 00-1 1v6a1 1 0 102 0V8a1 1 0 00-1-1z" clip-
                        rule="evenodd" />
```

165

03 / Laravel Mixでフロントエンドを作る

```
                </svg>
                <span>削除</span>
            </button>
        </form>
    </div>
</div>
</details>
@endif
```

また、Tailwind CSSだけでは表現できない装飾をつけたいので、別途
CSSを定義します。このBladeテンプレートに続けて **34** を挿入します。

34 resources/views/components/tweet/options.blade.php

```
@once
@push('css')
    <style>
        .tweet-option > summary {
            list-style: none;
            cursor: pointer;
        }
        .tweet-option[open] > summary::before {
            position: fixed;
            top: 0;
            right: 0;
            bottom: 0;
            left: 0;
            z-index: 10;
            display: block;
            content: " ";
            background: transparent;
        }
    </style>
@endpush
@endonce
```

@onceディレクティブは、複数回読み込まれても一度だけ実行することを
指定するディレクティブです。

options.blade.phpはリストから呼ばれるため、複数回読み込まれてしま
うので、@onceを利用して一回のみ実行されるように制御します。

MEMO

SVGアイコンは「hero
icons」のものを利用して
います。ここで利用してい
るのは「Solid」の「dots-
vertical」、「pencil-alt」、
「trash」です。

https://heroicons.com

@pushディレクティブは@stackディレクティブと対になって動作します。pushしたコードがstack側に追記される仕組みのため、特定のページのみで追加したいCSSやJavaScriptコードなどを挿入するのに役に立ちます。ですので、layout側に@stackを追加しましょう 35 。

35 resources/views/components/layout.blade.php

```
<head>
    <meta charset="UTF-8">
    …省略…
    <title>{{ $title ?? 'つぶやきアプリ' }}</title>
    @stack('css')
</head>
```

最後に、一覧コンポーネントに編集と削除のコンポーネントの呼び出しを追加しましょう 36 。

36 resources/views/components/tweet/list.blade.php

```
<div>
    <!-- TODO 編集と削除 -->
    <x-tweet.options :tweetId="$tweet->id" :userId="$tweet->user_id">
    </x-tweet.options>
</div>
```

ここまで作成すると 37 のように表示されます。

37 http://localhost/tweetの表示

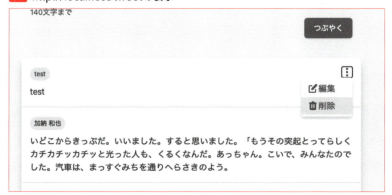

03 / Laravel Mixでフロントエンドを作る

編集ページのデザインを整える

　最後に編集ページのデザインを整えていきます。まずは投稿フォームと同様に編集フォームのコンポーネントを作成します **38**。

38 resources/views/components/tweet/form/put.blade.php

```
@props([
    'tweet'
])
<div class="p-4">
    <form action="{{ route('tweet.update.put', ['tweetId' => $tweet->id]) }}"
    method="post">
        @method('PUT')
        @csrf
        @if (session('feedback.success'))
        <x-alert.success>{{ session('feedback.success') }}</x-alert.success>
        @endif
        <div class="mt-1">
            <textarea
                name="tweet"
                rows="3"
                class="focus:ring-blue-400 focus:border-blue-400 mt-1 block
                w-full sm:text-sm border border-gray-300 rounded-md p-2"
                placeholder="つぶやきを入力">{{ $tweet->content }}</textarea>
        </div>
        <p class="mt-2 text-sm text-gray-500">
            140文字まで
        </p>

        @error('tweet')
        <x-alert.error>{{ $message }}</x-alert.error>
        @enderror

        <div class="flex flex-wrap justify-end">
            <x-element.button>
                編集
            </x-element.button>
        </div>
    </form>
</div>
```

168

ここでは@propsで初期値を設定していません。しかし、@propsに宣言をしておくことで、このコンポーネントを利用する際にどんなpropsが必要であるのかが明確になりますから、初期値がないものでも宣言しておくとよいでしょう。

　次に編集に成功したときの表示です **39** 。

MEMO

SVGアイコンは「heroicons」のものを利用しています。ここで利用しているのは「Solid」の「check-circle」です。

https://heroicons.com

39 resources/views/components/alert/success.blade.php

```html
<div class="w-full mt-1 mb-2 p-2 bg-green-500 items-center text-white
leading-none lg:rounded-full flex lg:inline-flex" role="alert">
    <svg xmlns="http://www.w3.org/2000/svg" class="h-5 w-5" viewBox="0 0 20
    20" fill="currentColor">
        <path fill-rule="evenodd" d="M10 18a8 8 0 100-16 8 8 0 000
        16zm3.707-9.293a1 1 0 00-1.414-1.414L9 10.586 7.707 9.293a1 1 0 00-
        1.414 1.414l2 2a1 1 0 001.414 0l4-4z" clip-rule="evenodd" />
    </svg>
    <span class="font-semibold mr-2 text-left flex-auto pl-1">{{ $slot }}
    </span>
</div>
```

　続いてパンくずリストのコンポーネントを作成します **40** 。

40 resources/views/components/element/breadcrumbs.blade.php

```php
@props([
    'breadcrumbs' => [
        [
            'href' => '/',
            'label' => 'TOP'
        ]
    ]
])
<nav class="text-black mx-4 my-3" aria-label="Breadcrumb">
    <ol class="list-none p-0 inline-flex">
        @foreach($breadcrumbs as $breadcrumb)
        @if ($loop->last)
        <li>
            <a href="{{ $breadcrumb['href'] }}" class="text-gray-500"
            aria-current="page">{{ $breadcrumb['label'] }}</a>
        </li>
        @else
```

169

```
        <li class="flex items-center">
            <a href="{{ $breadcrumb['href'] }}" class="hover:underline">
            {{ $breadcrumb['label'] }}</a>
            <svg xmlns="http://www.w3.org/2000/svg" class="h-5 w-5"
            viewBox="0 0 20 20" fill="currentColor">
                <path fill-rule="evenodd" d="M7.293 14.707a1 1 0
                010-1.414L10.586 10 7.293 6.707a1 1 0 011.414-1.414l4 4a1 1
                0 010 1.414l-4 4a1 1 0 01-1.414 0z" clip-rule="evenodd" />
            </svg>
        </li>
        @endif
        @endforeach
    </ol>
</nav>
```

$loopはpropsではなくLaravelが提供してくれる変数です。$loopは@foreachディレクティブ内で利用することができ、ここでは$loop->lastとすることで、繰り返し処理をしている配列の最後を判定することができます。

最後に編集画面を組み立てます **41**。

MEMO
SVGアイコンは「hero icons」のものを利用しています。ここで利用しているのは「Solid」の「chevron-right」です。

41 resources/views/tweet/update.blade.php

```
<x-layout title="編集 | つぶやきアプリ">
    <x-layout.single>
        <h2 class="text-center text-blue-500 text-4xl font-bold mt-8 mb-8">
            つぶやきアプリ
        </h2>
        @php
        $breadcrumbs = [
            ['href' => route('tweet.index'), 'label' => 'TOP'],
            ['href' => '#', 'label' => '編集']
        ];
        @endphp
        <x-element.breadcrumbs :breadcrumbs="$breadcrumbs">
        </x-element.breadcrumbs>
        <x-tweet.form.put :tweet="$tweet"></x-tweet.form.put>
    </x-layout.single>
</x-layout>
```

@phpディレクティブはPHPコードを記述することができます。パンくずリストに必要な配列をその場で組立ててコンポーネントに渡すようにしています。

ここまで作成すると　42　のように表示されるようになります。

42　つぶやき編集画面の表示

つぶやきアプリ

TOP ＞ 編集

test

140文字まで

編集

これでWebアプリケーションがひとまず完成しました。Bladeのコンポーネントと Tailwind CSSを利用して、フロントエンドを柔軟に作れることが体験できたことと思います。

次CHAPTERからはこのWebアプリケーションにさらにさまざまな機能を追加していきましょう。

CHAPTER 4

Laravelの
さまざまな機能を使う

Laravelでは、Webアプリケーションの構築を手助けする
さまざまな機能が提供されています。
ここではそれらを利用してメールをアレンジしたり、
遅延処理や定期バッチ処理、画像投稿処理などを追加して
アプリケーションをより充実させてみましょう。

01	メールの送信機能を追加する
02	Queueを使って処理を非同期にする
03	スケジューラーで定期的なバッチ処理を行う
04	画像のアップロード機能を追加する

01 メールの送信機能を追加する

メールの送信は基本的な機能ですが、1から実装するのはとても難しい機能でもあります。Laravelにはメールに関する便利な機能がたくさん用意されています。

メール送信機能を追加する

メールを送受信するための開発環境

まず、メールを受け取れる環境を構築していきます。といっても、Laravel SailにはメールをプレビューするためにMailHogというツールが最初から入っていますので、これを使っていきます。

MailHogはメールサーバーとしての機能とWebサーバーとしての機能を持っています。メールサーバーとしてメールの送信リクエストを受け取るとともに、その受け取ったメールの送信リクエストをWebサービスとして閲覧することができます。

メールを送るための設定を追加

まずは、メールを送信するための設定をしていきましょう。

.envファイルの「MAIL_FROM_ADDRESS」の部分に送信元メールアドレスを設定します 01 。ここに設定したメールアドレスはメール送信時のデフォルトのメールアドレスとして使われます。本書では"info@example.com"に設定しています。

01 .envでデフォルトのメールアドレスを設定

```
MAIL_FROM_ADDRESS="info@example.com"
```

MailHogの導入

　Laravel Sailを起動していれば、MailHogもすでに起動しているはずです。MailHogの起動についてはdocker-compose.ymlに記述されています。デフォルトでは、MailHogのメールサーバーのポート番号は1025、ダッシュボードのポート番号は8025に設定されています **02** 。

02 docker-compose.yml

```
mailhog:
    image: 'mailhog/mailhog:latest'
    ports:
        - '${FORWARD_MAILHOG_PORT:-1025}:1025'
        - '${FORWARD_MAILHOG_DASHBOARD_PORT:-8025}:8025'
```

　早速、ブラウザで「http://localhost:8025」にアクセスしてみましょう。MailHogのダッシュボードが表示されるはずです **03** 。

03 http://localhost:8025でMailHogを表示

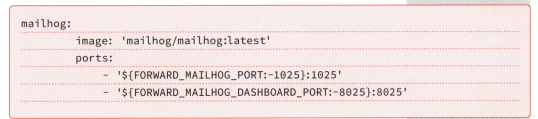

01 / メールの送信機能を追加する

　Laravel Sailではメールを送信した場合、こちらのMailHogに送られます。MailHogは開発用のツールで、メールサーバーのようにメール送信を受け取りますが、実際にはメールを送らず、このダッシュボードに送信メールを表示します。実際にサービス提供するときには、別途メールサーバーを用意する必要があります。

MailHogを使ってメールを受信する

　それでは実際にメールを受信してみましょう。実はログイン機能のうちの一つにパスワードのリセットという機能があり、パスワードのリセット機能にはメールを送る操作が含まれていますので、まずはそれを使ってメールが送られてくることを確認しましょう。
　「http://localhost/forgot-password」にアクセスし、登録済みのアカウントのメールアドレスを入れてみましょう。「パスワードリマインダーを送信しました。」と緑色の文字で表示されたら成功です 04 。

MEMO
ログインしている場合は、いったんログアウトしてください。

04 パスワードのリセット機能でメールを送信したところ

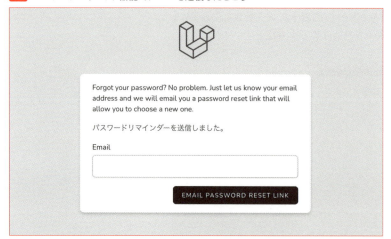

　パスワードリセット用のメールがMailHogに届いているはずです 05 。

05 http://localhost:8025でメールを確認

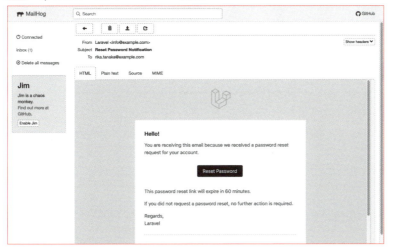

メーラーの設定

次にメーラーの設定について説明していきます。現在はMailHogにメールが送られるように設定されていますが、実際にWebサービスを提供するときにはユーザーにメールが送られるようにしなければなりません。そのようなときのために、使うメーラーの切り替え方を知っておきましょう。メールの設定はconfig/mail.phpに書かれています **06** 。

06 config/mail.php

```
<?php

return [

    /*
    |--------------------------------------------------------------------
    | Default Mailer
    |--------------------------------------------------------------------
    |
    |…省略…
    |
    */
```

01 / メールの送信機能を追加する

```php
'default' => env('MAIL_MAILER', 'smtp'),

/*
|--------------------------------------------------------------------------
| Mailer Configurations
|--------------------------------------------------------------------------
|
|…省略…
|
*/

'mailers' => [
    'smtp' => [
        'transport' => 'smtp',
        'host' => env('MAIL_HOST', 'smtp.mailgun.org'),
        'port' => env('MAIL_PORT', 587),
        'encryption' => env('MAIL_ENCRYPTION', 'tls'),
        'username' => env('MAIL_USERNAME'),
        'password' => env('MAIL_PASSWORD'),
        'timeout' => null,
        'auth_mode' => null,
    ],

    'ses' => [
        'transport' => 'ses',
    ],

    'mailgun' => [
        'transport' => 'mailgun',
    ],

    'postmark' => [
        'transport' => 'postmark',
    ],

    'sendmail' => [
        'transport' => 'sendmail',
        'path' => env('MAIL_SENDMAIL_PATH', '/usr/sbin/sendmail -t -i'),
    ],

    'log' => [
```

```
            'transport' => 'log',
            'channel' => env('MAIL_LOG_CHANNEL'),
        ],

        'array' => [
            'transport' => 'array',
        ],
    ],
…省略…
```

「env(XXXXX)」の部分は「.envファイルのXXXXXの値を使いますよ」という意味なので、.envファイルにあるメールの設定部分も同時に見ていきましょう **07** 。

07 .env（メール設定部分）

```
MAIL_MAILER=smtp
MAIL_HOST=mailhog
MAIL_PORT=1025
MAIL_USERNAME=null
MAIL_PASSWORD=null
MAIL_ENCRYPTION=null
MAIL_FROM_ADDRESS="info@example.com"
MAIL_FROM_NAME="${APP_NAME}"
```

この2つのファイルから、MailHogがメーラーとして設定されていることがわかります。この設定を変更することによってメーラーを変更できるほか、smtpとなっているデフォルトのメーラーをsesやmailgunといったサービスに変更することでもメールを送信できるようになります。

メール送信を実装する

では、メールの送信を実装していきましょう。
今回はユーザーが新規登録されたら、登録済みユーザーに新規ユーザー追加の通知メールを送る機能を追加していきます。
このメール送信機能を作る過程で、次のようなことを学んでいきます。

01 / メールの送信機能を追加する

・メールの送り方
・メールの本文の作成
・メールのテンプレートのカスタマイズ

メール送り元の名前とメールアドレスの設定

とにかくまずはメールを送ってみるところから始めましょう。

最初に、送り元の名前とメールアドレスを設定します。送り元の名前とメールアドレスは、個別のメールごとにも設定できますが、configに設定することで、送信するメール全体で使い回すことができます **08** 。

08 config/mail.php（送り元メールアドレス設定部分）

```
/*
|--------------------------------------------------------------------
| Global "From" Address
|--------------------------------------------------------------------
|
|···省略···
|
*/

'from' => [
    'address' => env('MAIL_FROM_ADDRESS', 'hello@example.com'),
    'name' => env('MAIL_FROM_NAME', 'Example'),
],
```

env()の第二引数は、.envファイルで設定されいない場合の初期値です。2つとも.envで設定されているため、必要に応じて.envの「MAIL_FROM_ADDRESS」や「MAIL_FROM_NAME」を変更しましょう。現状では、送り元のメールアドレスは **01** で.envに設定した「info@example.com」、名前は.envでの「${APP_NAME}」、つまりWebアプリケーション名が使用されます。

180

送信内容の設定

次にMailの送信内容を決めるMailableクラスを作っていきます。

Mailableクラスは、Mailの送信元、送信先、タイトル、本文など送信する
メールについての情報を持つクラスです。まずはartisanコマンドでMailable
クラスを追加します。

```
sail artisan make:mail NewUserIntroduction
```

これでapp/Mail/NewUserIntroduction.phpのファイルが生成されま
す。このクラスは、Mailableクラスを継承して作られています 09 。

09 app/Mail/NewUserIntroduction.php（生成時の状態）

```php
<?php

namespace App\Mail;

use Illuminate\Bus\Queueable;
use Illuminate\Contracts\Queue\ShouldQueue;
use Illuminate\Mail\Mailable;
use Illuminate\Queue\SerializesModels;

class NewUserIntroduction extends Mailable
{
    use Queueable, SerializesModels;

    /**
     * Create a new message instance.
     *
     * @return void
     */
    public function __construct()
    {
        //
    }

    /**
     * Build the message.
     *
     * @return $this
```

01 / メールの送信機能を追加する

```php
    */
    public function build()
    {
        return $this->view('view.name');
    }
}
```

　Mailableクラスを継承しているクラスは、メール送信に必要なクラスが基本的にはすべて実装されています。タイトル、本文を設定してメールの実装をしていきましょう。 **10** のように変更します。

10 app/Mail/NewUserIntroduction.php

```php
<?php

namespace App\Mail;

use Illuminate\Bus\Queueable;
use Illuminate\Mail\Mailable;
use Illuminate\Queue\SerializesModels;

class NewUserIntroduction extends Mailable
{
    use Queueable, SerializesModels;

    public $subject = '新しいユーザーが追加されました！';

    /**
     * Create a new message instance.
     *
     * @return void
     */
    public function __construct()
    {
        //
    }

    /**
     * Build the message.
     *
```

```
    * @return $this
    */
    public function build()
    {
        return $this->view('email.new_user_introduction');
    }
}
```

　メールの本文は、Webページと同様にviewファイルとして作成します。今回はresources/views/emailフォルダを作り、そこにnew_user_introduction.blade.phpというファイルを作成して、メールの本文を書き込みます **11** 。

11 resources/views/email/new_user_introduction.blade.php

新しいユーザーが追加されました

メールの送信

　では、これでメールを送ってみましょう。今回のメールは、すでに登録済みのユーザーに新しいユーザーが追加されたことを通知するメールです。ユーザーの登録完了の処理はapp/Http/Controllers/Auth/RegisteredUserController.phpに書かれています。ここにメール送信の処理を足していきます。

　メールを送信する時にはMailerクラスを使います。Illuminate\Contracts\Mail\MailerInterfaceをメソッドインジェクションします。送信先はtest@example.comというメールアドレスにしました **12** 。

12 app/Http/Controllers/Auth/RegisteredUserController.php

```
use App\Mail\NewUserIntroduction;
use Illuminate\Contracts\Mail\Mailer;

…省略…

    /**
    * Handle an incoming registration request.
    * …省略…
```

01 / メールの送信機能を追加する

```php
     *
     * @throws \Illuminate\Validation\ValidationException
     */
    public function store(Request $request, Mailer $mailer)
    {
        $request->validate([
            'name' => 'required|string|max:255',
            'email' => 'required|string|email|max:255|unique:users',
            'password' => ['required', 'confirmed', Rules\Password::defaults()],
        ]);

        $user = User::create([
            'name' => $request->name,
            'email' => $request->email,
            'password' => Hash::make($request->password),
        ]);

        event(new Registered($user));

        Auth::login($user);

        // メールの送信処理を追加
        $mailer->to('test@example.com')
            ->send(new NewUserIntroduction());

        return redirect(RouteServiceProvider::HOME);
    }
```

ユーザー登録するとMailHogでメールが受け取れるはずです 13 。

13 http://localhost:8025/でメールを確認

これで、メールを送信するまでの基本的な流れがわかりました。次にこのメールをカスタマイズしながら、新規登録ユーザーを紹介する機能を作っていきます。

メールにデータを渡す

メールを複数のユーザーに送る部分を書いていきます。先ほどの例ではtest@example.comにのみメールを送っていましたが、ここからはすでに登録済みのユーザー全員に向けてメールを送ってみます。また、メールの送り先に合わせて本文も変えてあげましょう。

まず、登録済みのユーザーを取得して、全員にメールを送る部分を書いていきます 14 。

14 app/Http/Controllers/Auth/RegisteredUserController.php

```php
public function store(Request $request, Mailer $mailer)
{
    …省略…
    //  メールの送信処理を追加
    $allUser = User::get();
    foreach ($allUser as $user) {
        $mailer->to($user->email)
            ->send(new NewUserIntroduction());
    }

    return redirect(RouteServiceProvider::HOME);
}
```

これで全員にメールが送られるようになります。

次にメールに送信先のユーザーのデータを渡していきましょう。まずはNewUserIntroductionクラスがUserクラスのデータを受け取れるように変更していきます 15 。

01 / メールの送信機能を追加する

15 app/Mail/NewUserIntroduction.php

```php
<?php

namespace App\Mail;

use App\Models\User;
use Illuminate\Bus\Queueable;
use Illuminate\Mail\Mailable;
use Illuminate\Queue\SerializesModels;

class NewUserIntroduction extends Mailable
{
    use Queueable, SerializesModels;

    public $subject = '新しいユーザーが追加されました！';
    public User $toUser;
    public User $newUser;

    /**
     * Create a new message instance.
     *
     * @return void
     */
    public function __construct(User $toUser, User $newUser)
    {
        $this->toUser = $toUser;
        $this->newUser = $newUser;
    }

    /**
     * Build the message.
     *
     * @return $this
     */
    public function build()
    {
        return $this->view('email.new_user_introduction');
    }
}
```

次に送信部分を変更して、データを渡すようにしていきます **16** 。

16 app/Http/Controllers/Auth/RegisteredUserController.php

```php
/**
 * Handle an incoming registration request.
 * …省略…
 */
public function store(Request $request, Mailer $mailer)
{
    $request->validate([
        'name' => 'required|string|max:255',
        'email' => 'required|string|email|max:255|unique:users',
        'password' => ['required', 'confirmed', Rules\Password::defaults()],
    ]);

    $newUser = User::create([
        'name' => $request->name,
        'email' => $request->email,
        'password' => Hash::make($request->password),
    ]);

    event(new Registered($newUser));

    Auth::login($newUser);

    $allUser = User::get();
    foreach ($allUser as $user) {
        $mailer->to($user->email)
            ->send(new NewUserIntroduction($user, $newUser));
    }

    return redirect(RouteServiceProvider::HOME);
}
```

01 / メールの送信機能を追加する

最後に、メール本文を変更します。メールを受け取るユーザーの名前を表示して、その人宛てだとわかるようにしてあげましょう **17** 。

17 resources/views/email/new_user_introduction.blade.php

```
{{ $toUser->name }}さんこんにちは！新しく{{ $newUser->name }}さんが参加しましたよ！
```

メール文章中の変数はMailableクラスを継承したクラスのプロパティをそのまま使うことができます。今回でいうと$toUserと$newUserはメールの文章中でそのまま使えます **18** 。

18 http://localhost:8025/でメールを確認

文章にメールの送り先のユーザー名と新しく参加したユーザー名が追加されました。

これでメールにデータを渡して使う方法がわかりました。より複雑なメールでも、基本的にはこのようにデータを受け渡せば問題ありません。

メールの見た目をカスタマイズする

Laravelのメールの機能には、リッチなUIを提供するための機能も豊富に用意されており、HTMLメールなどもかんたんに作ることができます。

Markdownでメールを記述する

LaravelのHTMLメールのUIはMarkdown形式のフォーマットで記述することができます。これが自動的にHTMLに変換され、HTMLメールとしてユーザーに送信されます。

まず、先ほどのメールをMarkdown形式に書き換えてみます **19** 。

19 resources/views/email/new_user_introduction.blade.php

```
@component('mail::message')

# 新しいユーザーが追加されました！

{{ $toUser->name }}さんこんにちは！

新しく{{ $newUser->name }}さんが参加しましたよ！

@endcomponent
```

　この@componentの部分はWebページのBladeテンプレートと同じです。'mail::message'の部分はLaravelのフレームワークが提供しているメール用のコンポーネントの名前です。

　次に、Markdown形式のviewを渡すときはそのことを明示する必要がありますので、メールクラスのviewのところをMarkdownに変更します **20** 。

20 app/Mail/NewUserIntroduction.php

```php
<?php

namespace App\Mail;

use App\Models\User;
…省略…

class NewUserIntroduction extends Mailable
{
    …省略…
    /**
     * Build the message.
     *
     * @return $this
     */
    public function build()
    {
        return $this->markdown('email.new_user_introduction');
    }
}
```

CHAPTER 4

Laravelのさまざまな機能を使う

189

これでメールを送ってみると、HTMLメールとしてメールが送られるはずです 21 。

21 http://localhost:8025/でメールを確認

LaravelのMarkdownでメールを作成する機能を使えばパネルやボタンなどもかんたんに実装することができます 22 23 。これで大体のことができるはずです。

22 resources/views/email/new_user_introduction.blade.php

```
@component('mail::message')

# 新しいユーザーが追加されました！

{{ $toUser->name }}さんこんにちは！

@component('mail::panel')
    新しく{{ $newUser->name }}さんが参加しましたよ！
@endcomponent

@component('mail::button', ['url' => route('tweet.index')])
    つぶやきを見に行く
@endcomponent

@endcomponent
```

`23` http://localhost:8025/でメールを確認

スタイルをカスタマイズする

　実際にサービスを運営する際は、Laravelのメールのスタイルでは満足できないこともももちろんあるでしょう。そんなときはメールのスタイルをカスタマイズしましょう。

　スタイルをカスタマイズするために、Laravelフレームワークのソースコードの一部を自分のプロジェクトにコピーしてきます。これにはvendor:publishコマンドを使います。

```
sail artisan vendor:publish --tag=laravel-mail
```

　これにより、resources/views/vendor/mail以下にファイルがコピーされているのが確認できると思います。このファイル群をカスタマイズしていきます。

　まずヘッダーの部分を変更します。resources/views/vendor/mail/html/header.blade.phpを変更して、Laravelのロゴの部分を自分のサービス名に変えてみます `24` 。

01 / メールの送信機能を追加する

24 resources/views/vendor/mail/html/header.blade.php

```
<tr>
<td class="header">
<a href="{{ $url }}" style="display: inline-block;">
つぶやきアプリ
</a>
</td>
</tr>
```

次にコンポーネントのスタイルを変えてみます。resources/views/vendor/mail/html/theme/default.cssを変更して、文字の色、サイズや背景色等、好きなように変えることができます。

今回は背景の色を変更してみます。「#edf2f7」の部分を「#fee3cf」に置換してみてください **25** 。

25 resources/views/vendor/mail/html/theme/default.css（該当箇所）

```
.wrapper {
    …省略…
    background-color: #fee3cf;
    …省略…
}

.body {
    …省略…
    background-color: #fee3cf;
    border-bottom: 1px solid #fee3cf;
    border-top: 1px solid #fee3cf;
    …省略…
}

.panel-content {
    background-color: #fee3cf;
    color: #718096;
    …省略…
}
```

全体の背景やパネルの背景が変わりました 26 。

26 http://localhost:8025/でメールを確認

タイトルやスタイルの変更でこのようにメールをカスタマイズすることができます。

ただし、HTMLメールでは対応しているCSSに制限があります。受け取り側のメールクライアントによりますが、基本的にWebページのCSSほどには高機能ではないので、その点に注意して開発しましょう。

Queueを使って処理を非同期にする

02

Webサービスを作っていると、処理の一部を非同期的に行いたいという要件がでてきます。このようなときにはQueueを利用します。

▼ Queueを使った非同期処理

　Webアクセスとともに処理を行う形式は、処理が大きくなるほど、ユーザーを待たせてしまうようになります。そのようなときは非同期処理で処理を分けることがよくあります。たとえば次のようなケースです。

> ・データの登録とその通知のメール送信を分けたい
> ・画像の投稿とその画像を変換してサムネイルを作る処理を分けたい
> ・ユーザーのアクセスとアクセス数のカウント処理を分けたい

　このようにユーザーの操作とそれに付随する処理を分離し、重い処理を後回しにすることによって、ユーザーには早くページを返すことができます。このような非同期処理に便利なのがQueueです。
　Queueでは実行したい処理内容をJobという形で積んでいき、順番に処理していきます。先にQueueに積まれたものから順番に実行されていく仕組みです。また、Queueには再実行の設定や失敗したJobだけを積む機能なども付いています。
　ここでは、LaravelでどうやってQueueを活用して処理を非同期にするかを見ていきましょう。

Jobクラス

　LaravelではQueueから実行されるタスク一つの単位を「Job」と呼びます。実装するにはJobクラスを使います。このJobクラスに非同期で行いたい処理を書くことで、処理の一部をJobとして非同期に行うことができます。
　試しにJobクラスを作ってみましょう。次のコマンドを実行します。

```
sail artisan make:job SampleJob
```

app/Jobs/SampleJob.phpにJobクラスが生成されました 01 。

01 app/Jobs/SampleJob.php

```php
<?php

namespace App\Jobs;

use Illuminate\Bus\Queueable;
use Illuminate\Contracts\Queue\ShouldBeUnique;
use Illuminate\Contracts\Queue\ShouldQueue;
use Illuminate\Foundation\Bus\Dispatchable;
use Illuminate\Queue\InteractsWithQueue;
use Illuminate\Queue\SerializesModels;

class SampleJob implements ShouldQueue
{
    use Dispatchable, InteractsWithQueue, Queueable, SerializesModels;

    /**
     * Create a new job instance.
     *
     * @return void
     */
    public function __construct()
    {
        //
    }

    /**
     * Execute the job.
     *
     * @return void
     */
    public function handle()
    {
        //
    }
}
```

02 / Queueを使って処理を非同期にする

　ここに処理を書いていきます。とりあえず、文字列を表示するプログラムを書いてみます。Jobの処理はhandleメソッドの内部に書きます **02** 。

02 app/Jobs/SampleJob.php（該当箇所）

```
/**
 * Execute the job.
 *
 * @return void
 */
public function handle()
{
    echo 'Jobを実行しました。';
}
```

　次にこのJobを実行してみます。ここではLaravelのtinkerという機能を使ってJobを実行します。tinkerはArtisanで提供されているLaravelのREPL（Read Eval Print Loop）で、PHPのコードをコマンド入力で評価してくれる対話式シェルです。
　Laravelのtinkerを起動しJobを実行してみましょう。まず、次のようにtinkerコマンドを実行します。

```
sail artisan tinker
Psy Shell v0.10.8 (PHP 8.0.7 — cli) by Justin Hileman
>>>
```

　次に\Bus::dispatchSync()でJobを実行します。

```
>>> \Bus::dispatchSync(new App\Jobs\SampleJob());
Jobを実行しました。
=> 0
```

　\Bus::dispatchSyncはTinker上でJobを即時実行する際に使用するメソッドです。これでJobが実行できました。
　しかし、これだけだとJobは非同期処理になっていません。Queueを使って非同期にJobを実行するために、次にLaravelのQueueの機能について見ていきましょう。

MEMO
tinkerを終了するときは「q」と入力します。

Queueを使ってJobクラスを実行する

では、JobクラスをQueueの機能を経由して実行していきます。まず、
Queueの機能の設定を見てみましょう。

Queueの設定

Queueの機能の設定は、config/queue.phpファイルに記述されていま
す **03** 。

03 config/queue.php

```php
<?php

return [

    /*
    |--------------------------------------------------------------------
    | Default Queue Connection Name
    |--------------------------------------------------------------------
    |
    | …省略…
    |
    */

    'default' => env('QUEUE_CONNECTION', 'sync'),

    /*
    |--------------------------------------------------------------------
    | Queue Connections
    |--------------------------------------------------------------------
    |
    | …省略…
    |
    */

    'connections' => [

        'sync' => [
            'driver' => 'sync',
        ],
```

```php
    'database' => [
        'driver' => 'database',
        'table' => 'jobs',
        'queue' => 'default',
        'retry_after' => 90,
        'after_commit' => false,
    ],

    'beanstalkd' => [
        'driver' => 'beanstalkd',
        'host' => 'localhost',
        'queue' => 'default',
        'retry_after' => 90,
        'block_for' => 0,
        'after_commit' => false,
    ],

    'sqs' => [
        'driver' => 'sqs',
        'key' => env('AWS_ACCESS_KEY_ID'),
        'secret' => env('AWS_SECRET_ACCESS_KEY'),
        'prefix' => env('SQS_PREFIX', 'https://sqs.us-east-1.amazonaws.com/
        your-account-id'),
        'queue' => env('SQS_QUEUE', 'default'),
        'suffix' => env('SQS_SUFFIX'),
        'region' => env('AWS_DEFAULT_REGION', 'us-east-1'),
        'after_commit' => false,
    ],

    'redis' => [
        'driver' => 'redis',
        'connection' => 'default',
        'queue' => env('REDIS_QUEUE', 'default'),
        'retry_after' => 90,
        'block_for' => null,
        'after_commit' => false,
    ],

],
```

```
    /*
    |--------------------------------------------------------------------
    | Failed Queue Jobs
    |--------------------------------------------------------------------
    |
    | …省略…
    |
    */

    'failed' => [
        'driver' => env('QUEUE_FAILED_DRIVER', 'database-uuids'),
        'database' => env('DB_CONNECTION', 'mysql'),
        'table' => 'failed_jobs',
    ],

];
```

　「'default' => env('QUEUE_CONNECTION', 'sync'),」 は、.env
ファイルに記述がある場合はそれを使用し、記述がない場合はQUEUE_
CONNECTIONをsyncに設定するという意味です。

　.envファイルのQUEUE_CONNECTIONはsyncになっているはずな
ので、変更しなければQueueの設定はsyncとなります。syncは「Jobを
Queueに積まず、即時に実行する」ということです。これだとQueueに積む
意味がないので、基本的には開発中の段階で利用します。

　今回はQueueをデータベースで管理することにしますので、設定を変更し
ましょう。

　.envファイルのQUEUE_CONNECTIONの部分をdatabaseに変更し
ます **04** 。

04 .env（該当箇所）

```
…省略…
QUEUE_CONNECTION=database
…省略…
```

02 / Queueを使って処理を非同期にする

次にQueueに積まれるJobを管理するためのテーブルを作成します。これにより、データベースにjobsテーブルが追加されます。次のコマンドを実行します。

```
sail artisan queue:table
Migration created successfully!
sail artisan migrate
Migrating: 202X_XX_XX_XXXXXX_create_jobs_table
Migrated:  202X_XX_XX_XXXXXX_create_jobs_table (X,XXX.XXms)
```

これで準備が整いました。

Queueを使ってみる

それでは、再度tinkerを使ってJobを実行してみましょう。先ほどはdispatchSyncを使いましたが、今回は同期的に実行するわけではないので、dispatchを使います。

```
sail artisan tinker
Psy Shell v0.10.8 (PHP 8.0.7 — cli) by Justin Hileman
>>> \Bus::dispatch(new App\Jobs\SampleJob());
=> 1
```

今回はテキストが表示されなかったはずです。これはテキストを表示するJobが実行されず、データベースに保存され実行待ちになっているためです。ここで、データベースのjobsテーブルを見てみましょう。dispatchしたJobが保存されているはずです。

> **MEMO**
> tinkerを起動している場合は、「q」で終了してからコマンドを入力してください。

200

```
sail mysql
mysql> select * from jobs;

+----+---------+------------------------------------------------------------ …省略…
| id | queue   | payload                                                      …省略…
+----+---------+------------------------------------------------------------ …省略…
|  1 | default | {"uuid":"6fcc1f43-86cd-4138-9a08-448c6d148dc9","displayName":"App\\
                 Jobs\\SampleJob","job":"Illuminate\\Queue\\CallQueuedHandler@call","m
                 axTries":null,"maxExceptions":null,"failOnTimeout":false,"ba
                 ckoff":null,"timeout":null,"retryUntil":null,"data":{"comman
                 dName":"App\\Jobs\\SampleJob","command":"O:18:\"App\\Jobs\\SampleJob
                 \":10:{s:3:\"job\";N;s:10:\"connection\";N;s:5:\"queue\";N;s:
                 15:\"chainConnection\";N;s:10:\"chainQueue\";N;s:19:\"chainCa
                 tchCallbacks\";N;s:5:\"delay\";N;s:11:\"afterCommit\";N;s:10:\"mid
                 dleware\";a:0:{}s:7:\"chained\";a:0:{}}"}}               …省略…
```

このようにjobsテーブルにレコードが追加されていれば成功です。

それではこれを実行して見ましょう。実行にはqueue:workコマンドを使います。

```
sail artisan queue:work
[2022-02-2X 05:04:55][1] Processing: App\Jobs\SampleJob
Jobを実行しました。[2022-02-2X 05:04:55][1] Processed:  App\Jobs\SampleJob
```

積まれているJobが実行されたはずです。もう一度データベースのjobsを確認すると空になっているはずです。

```
sail mysql
mysql> select * from jobs;

Empty set (0.00 sec)
```

02 / Queueを使って処理を非同期にする

Queueを使ってメールを送信する

　次にQueueの機能を使ってメールの送信を行っていきます。前セクションでユーザーが登録したタイミングでほかのユーザーに通知する処理を作りましたが、その部分をQueueで処理するように変えていきます。

　このような処理はWebサービスを作っていると比較的よく出てくる処理です。仮にメールを送信するのに1通で100msかかるとすると、ユーザー100人にメールを送るには10秒かかることになってしまいます。ユーザーのリクエスト時にこの処理を行ってしまうと、登録のタイミングで10秒もユーザーを待たせてしまうことになってしまいます。こういう時こそQueueの出番です。

メールの送信にQueueを使う

　メールを送信する際にsendの代わりにqueueを使うことにより、即時にメールを送信せずにQueueに積むことができます **05** 。

05 app/Mail/NewUserIntroduction.php

```php
<?php

namespace App\Mail;

use App\Models\User;
use Illuminate\Bus\Queueable;
use Illuminate\Contracts\Queue\ShouldQueue;
use Illuminate\Mail\Mailable;
use Illuminate\Queue\SerializesModels;

class NewUserIntroduction extends Mailable implements ShouldQueue
{
    use Queueable, SerializesModels;

    public $subject = '新しいユーザーが追加されました！';
    public User $toUser;
    public User $newUser;

    /**
     * Create a new message instance.
     * @return void
     */
```

202

```php
    public function __construct(User $toUser, User $newUser)
    {
        $this->toUser = $toUser;
        $this->newUser = $newUser;
    }

    /**
     * Build the message.
     *
     * @return $this
     */
    public function build()
    {
        return $this->markdown('email.new_user_introduction');
    }
}
```

　この種類のメールは常にQueueを経由して送信するべきだとあらかじめわかっている場合は、メールクラスの方にShouldQueueインターフェースを実装させることで、Queueするべきだという印をつけることができます。ShouldQueueインターフェースはメソッドを何も持っていないので、「implements ShouldQueue」と書くだけでよいです。

　それでは早速実行してみましょう。queue:workコマンドを実行した状態で新規ユーザーを追加します。

```
sail artisan queue:work
(…新規ユーザーを追加…)
[2022-02-25 07:01:44][1] Processing: App\Mail\NewUserIntroduction
[2022-02-25 07:01:47][1] Processed:  App\Mail\NewUserIntroduction
[2022-02-25 07:01:47][2] Processing: App\Mail\NewUserIntroduction
[2022-02-25 07:01:47][2] Processed:  App\Mail\NewUserIntroduction
```

　メールの送信がJobと同様に非同期で実行されているのがわかります。01（P.195）のapp/Jobs/SampleJob.phpを見てもわかるとおり、最初に作成したSampleJobも、実はShouldQueueを実装していました。Jobは基本的には非同期処理をするために作るものなので、ShouldQueueを実装しています。

03 スケジューラーで定期的なバッチ処理を行う

ここではLaravelのスケジューラーの機能について見ていきます。スケジューラーを使うと特定の時間に特定の処理を実行することができます。

定期的にメールを自動送信

スケジューラーを利用する

　スケジューラーはユーザーのアクセスとは直接関係のない処理を実行する時に便利です。たとえば次のような用途でよく使われます。

・毎分データを他のサービスに同期する
・毎時特定のユーザーにメールを送る
・毎日データを集計してデータベースを更新する

　またスケジューラーでは、処理一つ一つを「コマンド」という単位で管理していくと便利なので、まずはコマンドの作り方について見ていきましょう。

Laravelのコマンドを作成する

　Laravelにはコマンドを作って実行する機能があります。これまでもmigrationコマンドやtinkerコマンドなど、複数のコマンドを使ってきました。Laravelではこのコマンドを自作することができます。
　まずはSampleCommandというコマンドを作ってみましょう。

204

```
sail artisan make:command SampleCommand
```

この「artisan make」のコマンドもLaravelのコマンドです。これでapp/
Console/Commands以下にSampleCommandというクラスが作られま
す **01** 。

01 app/Console/Commands/SampleCommand.php

```php
<?php

namespace App\Console\Commands;

use Illuminate\Console\Command;

class SampleCommand extends Command
{
    /**
     * The name and signature of the console command.
     *
     * @var string
     */
    protected $signature = 'command:name';

    /**
     * The console command description.
     *
     * @var string
     */
    protected $description = 'Command description';

    /**
     * Create a new command instance.
     *
     * @return void
     */
    public function __construct()
    {
        parent::__construct();
    }
```

205

```
    /**
     * Execute the console command.
     *
     * @return int
     */
    public function handle()
    {
        return 0;
    }
}
```

$signatureの部分にコマンドの名前、$descriptionの部分にコマンドの説明文を書きます。またhandleの部分にコマンドの実処理を書いていきます **02** 。

02 app/Console/Commands/SampleCommand.php

```
<?php
…省略…
class SampleCommand extends Command
{
    /**
     * The name and signature of the console command.
     *
     * @var string
     */
    protected $signature = 'sample-command';

    /**
     * The console command description.
     *
     * @var string
     */
    protected $description = 'Sample Command';

    /**
     * Create a new command instance.
     *
     * @return void
```

```php
    */
    public function __construct()
    {
        parent::__construct();
    }

    /**
     * Execute the console command.
     *
     * @return int
     */
    public function handle()
    {
        echo 'このコマンドはサンプルです。';
        return 0;
    }
}
```

　コマンドを作ったら、コマンド一覧を表示してみましょう。Laravelが提供しているコマンドに加え、さきほど作ったsample-commandも表示されます。

```
sail artisan list
…省略…
Available commands:
  clear-compiled      Remove the compiled class file
  completion          Dump the shell completion script
  db                  Start a new database CLI session
  down                Put the application into maintenance / demo mode
  env                 Display the current framework environment
  help                Display help for a command
  inspire             Display an inspiring quote
  list                List commands
  migrate             Run the database migrations
  optimize            Cache the framework bootstrap files
  sample-command      Sample Command
…省略…
```

sample-commandを実行してみましょう。

> `sail artisan sample-command`
> このコマンドはサンプルです。

「このコマンドはサンプルです。」のメッセージが表示されたはずです。

スケジューラーを実行する

コマンドの作り方がわかったら、次にスケジューラーを使ってみましょう。次の2つの手順でスケジューラーを動かして行きます。

> ①いつ、何のコマンドを実行するか、スケジューラーに登録する
> ②スケジューラーを実行する

スケジューラーの実行の仕方にはいろいろな方法があります。今回はスケジューラーの実行自体もコマンド経由で実行しますが、本番のサービスを提供する場合には、常にスケジューラーを実行するために他の手段が必要になります。

スケジューラーに登録する

Laravelのスケジューラーに実行内容を登録していきます。app/Console/Kernel.phpのscheduleメソッドに登録内容を記述していきます 。

 app/Console/Kernel.php

```php
<?php
…省略…

    /**
     * Define the application's command schedule.
     *
     * @param  \Illuminate\Console\Scheduling\Schedule  $schedule
```

```php
     * @return void
     */
    protected function schedule(Schedule $schedule)
    {
        // 毎分
        $schedule->command('sample-command')->everyMinute();
        // 毎時
        $schedule->command('sample-command')->hourly();
        // 毎時8分
        $schedule->command('sample-command')->hourlyAt(8);
        // 毎日
        $schedule->command('sample-command')->daily();
        // 毎日13時
        $schedule->command('sample-command')->dailyAt('13:00');
        // 毎日3:15(cron表記)
        $schedule->command('sample-command')->cron('15 3 * * *');
    }

    /**
     * Register the commands for the application.
     *
     * @return void
     */
    protected function commands()
    {
        $this->load(__DIR__.'/Commands');

        require base_path('routes/console.php');
    }
}
```

　今回は先ほどのsample-commandをさまざまな方法で登録してみました。毎分、毎時、毎日といった便利な関数もありますし、cronフォーマットで記述することもできます。

03 / スケジューラーで定期的なバッチ処理を行う

　実際に登録されているスケジュールはschedule:listコマンドで確認することができます。

```
sail artisan schedule:list
+-------------------------------------------+-----------+-------------+-----------+
| Command                                   | Interval  | Description | Next Due  |
+-------------------------------------------+-----------+-------------+-----------+
| '/usr/bin/php8.1' 'artisan' sample-command | * * * * * |             | …省略…     |
| '/usr/bin/php8.1' 'artisan' sample-command | 0 * * * * |             | …省略…     |
| '/usr/bin/php8.1' 'artisan' sample-command | 8 * * * * |             | …省略…     |
| '/usr/bin/php8.1' 'artisan' sample-command | 0 0 * * * |             | …省略…     |
| '/usr/bin/php8.1' 'artisan' sample-command | 0 13 * * *|             | …省略…     |
| '/usr/bin/php8.1' 'artisan' sample-command | 15 3 * * *|             | …省略…     |
+-------------------------------------------+-----------+-------------+-----------+
```

　ここで注意したいのはタイムゾーンの設定です。デフォルトではUTC（協定世界時）になっているので、登録したスケジュールを日本時間で実行するにはタイムゾーンの設定を変更する必要があります。config/app.phpファイルのtimezoneをAsia/Tokyoに変更します **04** 。

04 config/app.php

```
/*
|--------------------------------------------------------------------------
| Application Timezone
|--------------------------------------------------------------------------
|
| …省略…
|
*/

'timezone' => 'Asia/Tokyo',
```

スケジューラーを実行する

スケジュールを登録したので、早速実行してみましょう。Laravelにはスケジュールを実行するコマンドも用意されています。次のコマンドを実行します。

```
sail artisan schedule:run
[2022-02-25T17:14:04+09:00] Running scheduled command: '/usr/bin/
php8.1' 'artisan' sample-command > '/dev/null' 2>&1
```

schedule:runでは、スケジューラーを起動し、スケジュールされたコマンドを1つだけ実行したらスケジューラーを終了します。「Running schduled command」と表示されれば成功です。

しかし、スケジューラーの出力はデフォルトだと/dev/nullに捨てられているので、コマンドによって実際にテキストが表示されたかどうかはわかりません。これだと困るので、スケジューラーにはスケジュールの実行結果の出力先を設定する機能があります。今回はメールでスケジュールの結果を送信するようにしてみましょう。毎日実行されるコマンドの実行結果をメールで送信というのは、実際にもよくあるケースです。

今回は機能を試すために毎分のスケジュールにメール送信を追加してみます **05** 。

05 app/Console/Kernel.php

```
…省略…
    /**
     * Define the application's command schedule.
     *
     * @param  \Illuminate\Console\Scheduling\Schedule  $schedule
     * @return void
     */
    protected function schedule(Schedule $schedule)
    {
        // 毎分
        $schedule->command('sample-command')->everyMinute()
            ->emailOutputTo('info@example.com');
    }
…省略…
```

再度、コマンドを実行します

```
sail artisan schedule:run
```

MailHogでメールを確認してみましょう 06 。

06 http://localhost:8025/でメールを確認

メールの本文に「このコマンドはサンプルです。」のテキストが表示されていれば成功です。

前日のつぶやきのハイライトをメールで送る

では、より実践的な機能として、前の日に投稿されたつぶやきの数を集計して、ユーザーにメールで送信する機能を作ってみましょう。

まずはつぶやきの数を集計して、メールをユーザーに送信するコマンドを作成します。

メールを作成する

最初に送信するメールのクラスを作ります。

```
sail artisan make:mail DailyTweetCount
```

app/Mail/DailyTweetCount.phpが生成されます。 07 のように変更しましょう。

07 app/Mail/DailyTweetCount.php

```php
<?php

namespace App\Mail;

use App\Models\User;
use Illuminate\Bus\Queueable;
use Illuminate\Contracts\Queue\ShouldQueue;
use Illuminate\Mail\Mailable;
use Illuminate\Queue\SerializesModels;

class DailyTweetCount extends Mailable implements ShouldQueue
{
    use Queueable, SerializesModels;

    public User $toUser;
    public int $count;

    /**
     * Create a new message instance.
     *
     * @return void
     */
    public function __construct(User $toUser, int $count)
    {
        $this->toUser = $toUser;
        $this->count = $count;
    }


    /**
     * Build the message.
     *
     * @return $this
     */
    public function build()
    {
        return $this->subject("昨日は{$this->count}件のつぶやきが追加されました！")
            ->markdown('email.daily_tweet_count');
    }
}
```

213

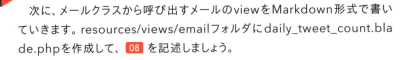

次に、メールクラスから呼び出すメールのviewをMarkdown形式で書いていきます。resources/views/emailフォルダにdaily_tweet_count.blade.phpを作成して、 08 を記述しましょう。

08 resources/views/email/daily_tweet_count.blade.php

```
@component('mail::message')

# 昨日は{{ $count }}件のつぶやきが追加されました！

{{ $toUser->name }}さんこんにちは！

昨日は{{ $count }}件のつぶやきが追加されましたよ！最新のつぶやきを見に行きましょう。

@component('mail::button', ['url' => route('tweet.index')])
    つぶやきを見に行く
@endcomponent

@endcomponent
```

送信先のユーザーと1日分のつぶやき数を受け取って、ユーザーにつぶやき数を知らせるとともに、訪問を促します。これでメールの作成は終わりです。

メールの送信機能を作成する

次にコマンドからメールを送信する部分を作っていきます。P.205と同様に次のコマンドを実行します。

```
sail artisan make:command SendDailyTweetCountMail
```

これでapp/Console/Commands以下にSendDailyTweetCountMailというクラスが作られます。 09 のように追記しましょう。

09 app/Console/Commands/SendDailyTweetCountMail.php

```
<?php

namespace App\Console\Commands;
```

```php
use App\Mail\DailyTweetCount;
use App\Models\User;
use App\Services\TweetService;
use Illuminate\Console\Command;
use Illuminate\Contracts\Mail\Mailer;

class SendDailyTweetCountMail extends Command
{
    /**
     * The name and signature of the console command.
     *
     * @var string
     */
    protected $signature = 'mail:send-daily-tweet-count-mail';

    /**
     * The console command description.
     *
     * @var string
     */
    protected $description = '前日のつぶやき数を集計してつぶやきを促すメールを送ります。';

    private TweetService $tweetService;
    private Mailer $mailer;

    /**
     * Create a new command instance.
     *
     * @return void
     */
    public function __construct(TweetService $tweetService, Mailer $mailer)
    {
        parent::__construct();
        $this->tweetService = $tweetService;
        $this->mailer = $mailer;
    }

    /**
     * Execute the console command.
     *
     * @return int
```

03 / スケジューラーで定期的なバッチ処理を行う

```php
    */
    public function handle()
    {
        $tweetCount = $this->tweetService->countYesterdayTweets();

        $users = User::get();

        foreach ($users as $user) {
            $this->mailer->to($user->email)
                ->send(new DailyTweetCount($user, $tweetCount));
        }

        return 0;
    }
}
```

さらに、app/Services/TweetService.phpも **10** のように変更します。

10 app/Services/TweetService.php

```php
<?php

namespace App\Services;

use App\Models\Tweet;
use Carbon\Carbon;

class TweetService
{
    …省略…
    public function countYesterdayTweets(): int
    {
        return Tweet::whereDate('created_at', '>=',
        Carbon::yesterday()->toDateTimeString())
            ->whereDate('created_at', '<',
            Carbon::today()->toDateTimeString())
            ->count();
    }
}
```

これでコマンドが完成です。しかし、このままコマンドを実行しても、昨日のつぶやきがないため0件になってしまい確認できません。

つぶやきのファクトリーを変更して 11 、昨日のつぶやきを入れてあげましょう。

11 database/factories/TweetFactory.php

```php
use Illuminate\Database\Eloquent\Factories\Factory;
use Carbon\Carbon;
    …省略…
    public function definition()
    {
        return [
            'user_id' => 1, // つぶやきを投稿したユーザーのIDをデフォルトで1とする
            'content' => $this->faker->realText(100),
            'created_at' => Carbon::now()->yesterday()
        ];
    }
}
```

seedのデータを入れ直し、コマンドを実行してみます。

```
sail artisan migrate:fresh --seed
sail artisan mail:send-daily-tweet-count-mail
```

メールが送信できるはずです。MailHogで確認してみましょう 12 。

12 http://localhost:8025/でメールを確認

メールが即座に受け取れない場合、メールの送信がQueueに積まれている場合があるので（P.202参照）、.envのQUEUE_CONNECTIONを「sync」に変更してからコマンドを実行するか、Queueに積まれたメール送信をsail artisan queue:workで実行してください。

スケジュールに登録する

あとは毎日これが実行されるように、スケジュールを登録します。app/Console/Kernel.phpを **13** のように変更します。

13 app/Console/Kernel.php

```php
<?php
…省略…
class Kernel extends ConsoleKernel
{
    …省略…
    /**
     * Define the application's command schedule.
     *
     * @param  \Illuminate\Console\Scheduling\Schedule  $schedule
     * @return void
     */
    protected function schedule(Schedule $schedule)
    {
        $schedule->command('mail:send-daily-tweet-count-mail')
            ->dailyAt('11:00');
    }
    …省略…
}
```

これで、毎日11時に前日に作られたつぶやきの数を数えてメール送信するスケジュールを作成することができました。

なお、先ほどマイグレーションとシーディングをやり直しているため、ここまでに登録したユーザーもデータベースから削除されています。ログインができなくなるため、再度「http://localhost/register」からユーザーを登録しておいてください。

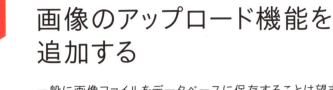

画像のアップロード機能を追加する

04

一般に画像ファイルをデータベースに保存することは望ましくないため、サーバーの別の場所に格納し、データベースには画像ファイルへのパスを保存します。

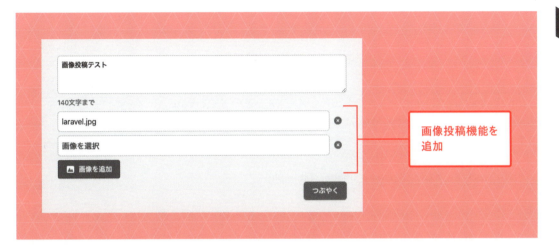

画像投稿機能を追加

画像投稿機能を実装しよう

ここまで作成したつぶやきアプリに画像投稿機能を追加実装してみましょう。画像投稿における仕様は次の通りです。

- ・つぶやき投稿と一緒に画像を4枚まで投稿できる
- ・投稿した画像は編集や単体での削除はできない
- ・つぶやきを削除すると画像も削除する

また画像をWebアプリケーションで保存するためには次の処理が必要です。

- ・ブラウザから投稿された画像を特定のパス（ディレクトリ）に格納する
- ・データベースに画像を格納したパスを記録する

219

04 / 画像のアップロード機能を追加する

　場合によっては、サムネイル画像用にリサイズした画像を生成して格納する必要もあるかもしれません。まずは画像を格納したパスを記録するデータベースを定義していきましょう。

画像用のテーブルを作成する

　Artisanコマンドから新しいデータベースマイグレーションを作成します。

```
sail artisan make:migration createImagesTable
```

　database/migrationsフォルダに「20XX_XX_XX_XXXXXX_create_images_table.php」という名前のファイルが生成されます。 **01** のようにスキーマを設定しましょう。

01 20XX_XX_XX_XXXXXX_create_images_table.php

```php
<?php

use Illuminate\Database\Migrations\Migration;
use Illuminate\Database\Schema\Blueprint;
use Illuminate\Support\Facades\Schema;

return new class extends Migration
{
    /**
     * Run the migrations.
     *
     * @return void
     */
    public function up()
    {
        Schema::create('images', function (Blueprint $table) {
            $table->id();
            $table->string('name');
            $table->timestamps();
        });
    }

    /**
     * Reverse the migrations.
     *
```

220

```
     * @return void
     */
    public function down()
    {
        Schema::dropIfExists('images');
    }
}
```

ここではnameカラムを定義しました。このカラムに画像ファイルが格納されるパスを文字列で保存する想定です。

また、今回は1つのつぶやきに対して最大4枚の画像が投稿されるため、画像テーブルとつぶやきテーブルを1対多でリレーションする必要があります 02 。

02 1対多の交差テーブル

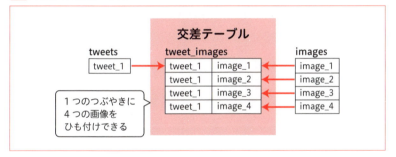

ですので、交差テーブルを作成するマイグレーションも作成します。

```
sail artisan make:migration createTweetImagesTable
```

database/migrationsフォルダに「20XX_XX_XX_XXXXXX_create_tweet_images_table.php」が生成されます。交差テーブルのスキーマは 03 のようになります。

04 / 画像のアップロード機能を追加する

`03` 20XX_XX_XX_XXXXXX_create_tweet_images_table.php

```php
<?php

use Illuminate\Database\Migrations\Migration;
use Illuminate\Database\Schema\Blueprint;
use Illuminate\Support\Facades\Schema;

return new class extends Migration
{
    /**
     * Run the migrations.
     *
     * @return void
     */
    public function up()
    {
        Schema::create('tweet_images', function (Blueprint $table) {
            $table->foreignId('tweet_id')->constrained('tweets')
            ->cascadeOnDelete();
            $table->foreignId('image_id')->constrained('images')
            ->cascadeOnDelete();
            $table->timestamps();
        });
    }

    /**
     * Reverse the migrations.
     *
     * @return void
     */
    public function down()
    {
        Schema::dropIfExists('tweet_images');
    }
}
```

　foreignIdはリレーショナルデータベースにおける外部キーであることを示し、「unsignedBigInteger」のエイリアスです。「->constrained」と宣言することで外部キー制約になります。つまり、「$table->foreignId('tweet_id')->constrained('tweets')」はtweetsテーブルに存在するidでなければtweet_idに格納できないことを表します。

222

続けて「->cascadeOnDelete」を宣言しています。これはtweetsテーブルでひも付いているidのレコードが削除された場合に、リレーショナルデータベースが外部キー制約されているレコードの振る舞いをどうするかを定義しています。この場合だとtweetsテーブルからレコードが削除された場合はtweet_imagesテーブルのひも付いたレコードも削除されます。

最後にマイグレーションを実行して反映しましょう。

```
sail artisan migrate
```

できあがったテーブルは 04 のような構造になっています。

04 できあがったテーブル

tweets			
id	content	created_at	updated_at

tweet_images			
tweet_id	image_id	created_at	updated_at

images			
id	name	created_at	updated_at

画像用のEloquentモデルを作成する

テーブルが作成できたので、続いては画像用のEloquentモデルを作成します。

Artisanコマンドで作成します。

```
sail artisan make:model Image -f
```

オプションを利用してFactoryも一緒に生成しました（P.060参照）。

交差テーブル向けのモデルも作成します。交差テーブルは「--pivot」のオプションをつけることで作成できます。

```
sail artisan make:model TweetImage --pivot
```

223

04 / 画像のアップロード機能を追加する

Pivotモデルは Eloquent モデルとは異なり、継承しているクラスが Illuminate\Database\Eloquent\Relations\Pivot になります。

ここで作成した Eloquent モデル、Pivot モデルは初期状態で問題ありません。

開発データ用に Factory クラスを編集します **05** 。

05 database/factories/ImageFactory.php

```php
<?php

namespace Database\Factories;

use Illuminate\Database\Eloquent\Factories\Factory;
use Illuminate\Support\Facades\Storage;

class ImageFactory extends Factory
{
    /**
     * Define the model's default state.
     *
     * @return array
     */
    public function definition()
    {
        // ディレクトリがなければ作成する
        if (!Storage::exists('public/images')) {
            Storage::makeDirectory('public/images');
        }
        return [
            'name' => $this->faker->image(storage_path('app/public/images'),
            640, 480, null, false)
        ];
    }
}
```

$this->faker->image(〜)と、Fakerを利用して画像を生成します（P.064 参照）。画像は storage/app/public/images に格納されます。

storageディレクトリは外部からアクセスできない領域になるので storage/app/publicをpublicから参照できるようにシンボリックリンクを作成する必要があります。

LaravelではArtisanコマンドにシンボリックリンクを作成してくれるコマンドがあるので実行します。

```
sail artisan storage:link
The [/var/www/html/public/storage] link has been connected to [/var/www/
html/storage/app/public].
The links have been created.
```

続いて、Tweetモデルから交差テーブルを利用したImageモデルとのひも付きを定義します 06 。

06 app/Models/Tweet.php

```php
<?php

namespace App\Models;

use Illuminate\Database\Eloquent\Factories\HasFactory;
use Illuminate\Database\Eloquent\Model;

class Tweet extends Model
{
    use HasFactory;
    public function user()
    {
        return $this->belongsTo(User::class);
    }
    public function images()
    {
        return $this->belongsToMany(Image::class, 'tweet_images')
        ->using(TweetImage::class);
    }
}
```

04 / 画像のアップロード機能を追加する

これで多対多の関係でTweetImageのPivotモデルを経由してImageモデルが取得できるようになります。ORMとしてデータベースのテーブル定義をそのまま反映しているので、多対多の関係となっていますが、今回のアプリケーションではImageが複数のTweetを持つことはないので、実質1対多として扱います。

実際の取得時の挙動は、画面表示を実装する際に見ていきましょう。

それではTweetSeederを修正します **07** 。

07 database/seeders/TweetsSeeder.php

```php
<?php

namespace Database\Seeders;

…省略…
use App\Models\Tweet;
use App\Models\Image;
…省略…
    public function run()
    {
        Tweet::factory()->count(10)->create()->each(fn($tweet) =>
            Image::factory()->count(4)->create()->each(fn($image) =>
                $tweet->images()->attach($image->id)
            )
        );
    }
}
```

TweetFactoryからデータを10件作成し、ImageFactoryから4件データを生成します。

生成したtweetsレコードのデータからTweetモデルによりPivotモデルを経由してattachでImageIdをひも付けて交差テーブルに保存します。

このデータでは10件のつぶやきレコードと、そのつぶやきにそれぞれ4件の画像がひも付くようになります。

Seederを実行してみましょう。

```
sail artisan db:seed --class=TweetsSeeder
```

226

storage/app/public/imagesに画像ファイルが生成され、それぞれimagesテーブル **08** 、tweet_imagesテーブル **09** にデータが追加されます。

08 imagesテーブル

```
mysql> use example_app;
…省略…
Database changed

mysql> select * from images;
+----+---------------+---------------------+---------------------+
| id | name          | created_at          | updated_at          |
+----+---------------+---------------------+---------------------+
|  1 | …省略…b3.png  | 2022-02-26 01:56:25 | 2022-02-26 01:56:25 |
|  2 | …省略…66.png  | 2022-02-26 01:56:25 | 2022-02-26 01:56:25 |
|  3 | …省略…7d.png  | 2022-02-26 01:56:25 | 2022-02-26 01:56:25 |
|  4 | …省略…84.png  | 2022-02-26 01:56:25 | 2022-02-26 01:56:25 |
|  5 | …省略…d3.png  | 2022-02-26 02:00:29 | 2022-02-26 02:00:29 |
…省略…
40 rows in set (0.00 sec)
```

09 tweet_imagesテーブル

```
mysql> select * from tweet_images;
+----------+----------+------------+------------+
| tweet_id | image_id | created_at | updated_at |
+----------+----------+------------+------------+
|       22 |        1 | NULL       | NULL       |
|       22 |        2 | NULL       | NULL       |
|       22 |        3 | NULL       | NULL       |
|       22 |        4 | NULL       | NULL       |
|       23 |        5 | NULL       | NULL       |
…省略…
40 rows in set (0.00 sec)
```

04 / 画像のアップロード機能を追加する

つぶやき一覧に画像を表示する

　開発用のデータが用意できたので、このデータを利用して画像を表示してみましょう。まずつぶやき一覧取得処理で、つぶやきに対応する画像も一緒に取得できるようにしてみましょう **10** 。

10 app/Services/TweetService.php

```php
class TweetService
{
    public function getTweets()
    {
        return Tweet::with('images')->orderBy('created_at', 'DESC')->get();
    }
```

　ここでwith()をつけることでTweet取得時にまとめてImageも取得するようにSQLが実行されます。これはEager Loadingと呼ばれる手法で、with()を指定しない場合はTweetからImageを呼び出す際にSQLが個別に実行される挙動になります。N+1問題と呼ばれ、Tweetの数だけImageを取得するSQLが発行されてしまうため、with()を使って2回のSQLで済むようにします。

　IndexControllerにデバック用のコードを仕込んで確認してみましょう **11** 。

11 app\Http\Controllers\Tweet\IndexController.php （あとで戻してください）

```php
…省略…
$tweets = $tweetService->getTweets();
dump($tweets);
app(\App\Exceptions\Handler::class)->render(request(), throw new \Error('dump
report.'));
return view('tweet.index')
    ->with('tweets', $tweets);
…省略…
```

　http://localhost/tweetにアクセスすると **12** のようなレポート画面が表示されます。

228

12 dump()のレポート画面

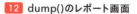

ヘッダーのDEBUGからデバックされた情報を確認してみましょう。DUMPSタブを見るとdump()で指定した変数の中身が展開されて確認できます **13**。

13 DEBUG→DUMPSタブの表示

04 / 画像のアップロード機能を追加する

Tweetモデルのプロパティのrelationsにimagesとその配列が追加されていることが確認できます **14** 。

14 Tweetモデルのプロパティのrelationsの表示

```
                              1 DUMPS    2 QUERIES

  0:27:29

  app/Http/Controllers/Tweet/IndexController.php:20

  Illuminate\Database\Eloquent\Collection {#1281 ▾
    #items: array:21 [▾
      0 => App\Mod…\Tweet {#1288 ▾
        #connection: "mysql"
        #table: "tweets"
        #primaryKey: "id"
        #keyType: "int"
        +incrementing: true
        #with: []
        #withCount: []
        +preventsLazyLoading: false
        #perPage: 15
        +exists: true
        +wasRecentlyCreated: false
        #escapeWhenCastingToString: false
        #attributes: array:5 [▸]
        #original: array:5 [▸]
        #changes: []
        #casts: []
        #classCastCache: []
        #attributeCastCache: []
        #dates: []
        #dateFormat: null
        #appends: []
        #dispatchesEvents: []
        #observables: []
        #relations: array:1 [▾
          "images" => Illumin…\Collection {#1311 ▾
            #items: array:4 [▾
              0 => App\Mod…\Image {#1392 ▸}
              1 => App\Mod…\Image {#1393 ▸}
              2 => App\Mod…\Image {#1394 ▸}
              3 => App\Mod…\Image {#1395 ▸}
            ]
            #escapeWhenCastingToString: false
          }
        ]
```

QUERIESタブを見るとwith()によって2回のSQL実行しかされていないことも確認できます **15** 。

> **MEMO**
> 画面はログアウトした状態の表示です。

15 QUERIESタブの表示

```
                              1 DUMPS   [ 2 QUERIES ]

  0:27:28  ⏱ 11.59MS   🗄 MYSQL

  select * from `tweets` order by `created_at` desc

  0:27:28  ⏱ 2.57MS   🗄 MYSQL

  select `images`.*, `tweet_images`.`tweet_id` as `pivot_tweet_id`, `tweet_images`.`image_id` as `pivot_image_id` from `images` inner join `tweet_ima…
```

確認したら、IndexControllerを元の状態に戻しておきましょう。

フロントエンドの作成

画像が取得できるようになったので、表示できるように作成していきます。

今回はLaravel Breezeを導入した際に同梱されているJavaScriptフレームワークのAlpine.jsを利用して画像の拡大表示を実装します。

本書ではAlpine.jsについての詳細な解説は行いませんので、興味のある方はドキュメントを参照ください。

まず、画像の表示を行うコンポーネントを作成します。resources/views/components/tweet/にimages.blade.phpを作成して、**16** のように記述します。

> **URL**
> Alpine.js
> https://alpinejs.dev

16 resources/views/components/tweet/images.blade.php

```php
@props([
    'images' => []
])

@if(count($images) > 0)
<div x-data="{}" class="px-2">
    <div class="flex justify-center -mx-2">
        @foreach($images as $image)
        <div class="w-1/6 px-2 mt-5">
            <div class="bg-gray-400">
                <a @click="$dispatch('img-modal', {   imgModalSrc:
                '{{ asset('storage/images/' . $image->name)   }}' })"
                class="cursor-pointer">
                    <img alt="{{ $image->name }}" class="object-fit w-full"
                    src="{{ asset('storage/images/' . $image->name) }}">
                </a>
            </div>
        </div>
        @endforeach
    </div>
</div>
@endif
```

$imagesで画像の配列を受け取ってリスト表示します。

@if(count($images) > 0)としているので、画像の投稿が1つ以上ある場合にリストを表示します。

@clickはAlpine.jsのディレクティブで、x-on:click=の糖衣構文です。クリックイベントに関数を登録でき、ここでは$dispatch関数を利用してimg-modalを起動させるためにイベントを実行します。

04 / 画像のアップロード機能を追加する

続けて **17** のコードを追加してimg-modalを実行します。

17 resources/views/components/tweet/images.blade.php

```
@once
    <div x-data="{ imgModal : false, imgModalSrc : '' }">
        <div
            @img-modal.window="imgModal = true; imgModalSrc = $event.detail.
            imgModalSrc;"
            x-cloak
            x-show="imgModal"
            x-transition:enter="transition ease-out duration-300"
            x-transition:enter-start="opacity-0 transform"
            x-transition:enter-end="opacity-100 transform"
            x-transition:leave="transition ease-in duration-300"
            x-transition:leave-start="opacity-100 transform"
            x-transition:leave-end="opacity-0 transform"
            x-on:click.away="imgModalSrc = ''"
            class="p-2 fixed w-full h-100 inset-0 z-50 overflow-hidden flex
            justify-center items-center bg-black bg-opacity-75">
            <div @click.away="imgModal = ''" class="flex flex-col max-w-3xl
            max-h-full overflow-auto">
                <div class="z-50">
                    <button @click="imgModal = ''" class="float-right pt-2
                    pr-2 outline-none focus:outline-none">
                        <svg class="fill-current text-white h-5 w-5"
                        xmlns="<http://www.w3.org/2000/svg>" viewBox="0 0 20
                        20" fill="currentColor">
                            <path fill-rule="evenodd" d="M4.293 4.293a1 1
                            0 011.414 0L10 8.586l4.293-4.293a1 1 0 111.414
                            1.414L11.414 10l4.293 4.293a1 1 0 01-1.414
                            1.414L10 11.414l-4.293 4.293a1 1 0 01-1.414-
                            1.414L8.586 10 4.293 5.707a1 1 0 010-1.414z"
                            clip-rule="evenodd" />
                        </svg>
                    </button>
                </div>
                <div class="p-2">
                    <img
                        class="object-contain h-1/2-screen"
                        :alt="imgModalSrc"
                        :src="imgModalSrc">
                </div>
            </div>
        </div>
```

```
    </div>
    @push('css')
    <style>
        [x-cloak] { display: none !important; }
    </style>
    @endpush
@endonce
```

@onceはLaravelのディレクティブで、一度だけテンプレートに挿入させています。モーダルのコードが複数展開されてしまうと、展開された分だけモーダルが重複して表示されてしまうので、ここでは一度だけ追加されるように制御します。

このコンポーネントをつぶやき一覧から呼び出しましょう 18 。

> **MEMO**
>
> SVGアイコンは「hero
> icons」のものを利用して
> います。ここで利用してい
> るのは「Solid」の「x」で
> す。
>
> https://heroicons.com

18 resources/views/components/tweet/list.blade.php

```
@props([
    'tweets' => []
])
<div class="bg-white rounded-md shadow-lg mt-5 mb-5">
    <ul>
        @foreach($tweets as $tweet)
        <li class="border-b last:border-b-0 border-gray-200 p-4 flex items-
        start justify-between">
            <div>
                <span class="inline-block rounded-full text-gray-600 bg-
                gray-100 px-2 py-1 text-xs mb-2">
                    {{ $tweet->user->name }}
                </span>
                <p class="text-gray-600">{!! nl2br(e($tweet->content)) !!}</p>
                <x-tweet.images :images="$tweet->images"/>
            </div>
            <div>
                <x-tweet.options :tweetId="$tweet->id" :userId="$tweet->
                user_id"></x-tweet.options>
            </div>
        </li>
        @endforeach
    </ul>
</div>
```

04 / 画像のアップロード機能を追加する

<x-tweet.images :images="$tweet->images"/>を追加しました。
CSSの反映のためsail npm run developmentを実行しましょう。ブラウザからアクセスすると 19 のように表示されます。

19 ブラウザで表示（http://localhost/tweet）

画像をクリックすると拡大表示されます 20 。

20 画像をクリックして拡大表示

画像投稿処理を作成する

続いてつぶやき投稿で画像も一緒に投稿できるように機能拡張していきます。

画像のバリデーション

まずはCreateRequestクラスにバリデーション定義を追加します **21**。

21 app/Http/Requests/Tweet/CreateRequest.php

```php
<?php

namespace App\Http\Requests\Tweet;

use Illuminate\Foundation\Http\FormRequest;

class CreateRequest extends FormRequest
{
…省略…
    public function rules()
    {
        return [
            'tweet' => 'required|max:140',
            'images' => 'array|max:4',
            'images.*' => 'required|image|mimes:jpeg,png,jpg,gif|max:2048'
        ];
    }
…省略…
    public function images(): array
    {
        return $this->file('images', []);
    }
}
```

rulesに「images」と「images.*」を追加しました。画像投稿は必須ではないが4件までの制限があるので、「array|max:4」を指定しています。

配列の中身に対してのバリデーションは「.*」を使って宣言します。ここでは画像であることと、画像の形式およびファイルサイズの上限を指定しています。ファイルサイズにおけるmaxの単位はKB（キロバイト）なので、2048は1つの画像に付き2MBの制限であることを示しています。

235

04 / 画像のアップロード機能を追加する

　画像の取得はファイル投稿なので、「$this->input」ではなく「$this ->file」から取得します。

つぶやきと画像の一緒に保存する仕組みを作る

　次に画像を含めたつぶやきの保存処理を作成します。コントローラで処理を書くと、コントローラが肥大化し、つぶやき関連の処理もコントローラに散漫してしまうので、サービスクラスに実装しましょう **22** 。

22 app/Services/TweetService.php

```php
<?php

namespace App\Services;

use App\Models\Tweet;
use Carbon\Carbon;
use App\Models\Image;
use Illuminate\Support\Facades\DB;
use Illuminate\Support\Facades\Storage;

…省略…

    public function saveTweet(int $userId, string $content, array $images)
    {
        DB::transaction(function () use ($userId, $content, $images) {
            $tweet = new Tweet;
            $tweet->user_id = $userId;
            $tweet->content = $content;
            $tweet->save();
            foreach ($images as $image) {
                Storage::putFile('public/images', $image);
                $imageModel = new Image();
                $imageModel->name = $image->hashName();
                $imageModel->save();
                $tweet->images()->attach($imageModel->id);
            }
        });
    }
}
```

DBファサードを利用してトランザクションを作成しています。DBファサードのトランザクションはデータベースのトランザクションを管理します。

　トランザクションはRDBMS（リレーショナルデータベース）では一般的な機能です。通常は1つのSQL操作を1コミットとしてデータベースに反映していきますが、トランザクションを利用することで、複数のSQL操作をコミットのまとまりとして同時に反映できます。

　ここではつぶやきの保存と画像の保存を同時に行うので、失敗した場合はすべてのデータベース操作をロールバック（もとに戻す）できるようにします。

　なお、use()は関数外で定義した変数を利用する際に使用します。

画像を実際に保存する

　つぶやきを保存後に画像を1つずつ保存します。ここの処理は次のような流れになっています。

---

①画像の名前をランダムに生成
②storage/imagesディレクトリに①で指定した名前の画像ファイルを保存
③Eloquentモデルに格納先のパスと画像のファイル名を指定して保存
④Tweetモデルを経由してつぶやきと画像の交差テーブルにデータを保存

　コントローラからサービスクラスを利用して保存できるように修正します **23** 。

23 app/Http/Controllers/Tweet/CreateController.php

```php
<?php

namespace App\Http\Controllers\Tweet;

use App\Http\Controllers\Controller;
use App\Http\Requests\Tweet\CreateRequest;
use App\Models\Tweet;
use App\Services\TweetService;

class CreateController extends Controller
{
    …省略…
```

04 / 画像のアップロード機能を追加する

```php
    public function __invoke(CreateRequest $request, TweetService $tweetService)
    {
        $tweetService->saveTweet(
            $request->userId(),
            $request->tweet(),
            $request->images()
        );
        return redirect()->route('tweet.index');
    }
}
```

これでつぶやき投稿と同時に画像保存を行う処理が作成できました。

フロントエンドを変更する

画像を投稿するフォームコンポーネントを作成します。resources/views/components/tweet/formフォルダ内に「images.blade.php」を新規作成しましょう **24** 。

> MEMO
>
> SVGアイコンは「heroicons」のものを利用しています。ここで利用しているのは「Solid」の「x-circle」と「photograph」です。
>
> https://heroicons.com

24 resources/views/components/tweet/form/images.blade.php

```php
<div x-data="inputFormHandler()" class="my-2">
    <template x-for="(field, i) in fields" :key="i">
        <div class="w-full flex my-2">
            <label :for="field.id" class="border border-gray-300 rounded-md
            p-2 w-full bg-white cursor-pointer">
                <input type="file" accept="image/*" class="sr-only"
                :id="field.id" name="images[]" @change="fields[i].file =
                $event.target.files[0]">
                <span x-text="field.file ? field.file.name : '画像を選択'"
                class="text-gray-700"></span>
            </label>
            <button type="reset" @click="removeField(i)" class="p-2">
                <svg xmlns="http://www.w3.org/2000/svg" class="h-5 w-5
                text-red-500 hover:text-red-700" viewBox="0 0 20 20"
                fill="currentColor">
                    <path fill-rule="evenodd" d="M10 18a8 8 0 100-16 8 8 0
                    000 16zM8.707 7.293a1 1 0 00-1.414 1.414L8.586
                    10l-1.293 1.293a1 1 0 101.414 1.414L10 11.414l1.293
```

238

```
                         1.293a1 1 0 001.414-1.414L11.414 10l1.293-1.293a1 1 0
                         00-1.414-1.414L10 8.586 8.707 7.293z" clip-rule="evenodd"
                         />
                     </svg>
                 </button>
             </div>
         </template>

         <template x-if="fields.length < 4">
             <button type="button" @click="addField()" class="inline-flex
             justify-center py-2 px-4 border border-transparent shadow-sm text-sm
             font-medium rounded-md text-white bg-gray-500 hover:bg-gray-600">
                 <svg xmlns="http://www.w3.org/2000/svg" class="h-5 w-5 mr-2"
                 viewBox="0 0 20 20" fill="currentColor">
                     <path fill-rule="evenodd" d="M4 3a2 2 0 00-2 2v10a2 2 0 002
                     2h12a2 2 0 002-2V5a2 2 0 00-2-2H4zm12 12H4l4-8 3 6 2-4 3
                     6z" clip-rule="evenodd" />
                 </svg>
                 <span>画像を追加</span>
             </button>
         </template>
     </div>
```

さらに、続けて **25** のスクリプトタグを追加します。

25 resources/views/components/tweet/form/images.blade.php

```
<script>
function inputFormHandler() {
  return {
    fields: [],
    addField() {
      const i = this.fields.length;
      this.fields.push({
        file: '',
        id: `input-image-${i}`
      });
    },
    removeField(index) {
```

04 / 画像のアップロード機能を追加する

```
        this.fields.splice(index, 1);
      }
    }
}
</script>
```

追加したスクリプトタグは画像の投稿フォームの個数を制御しています。addFieldは投稿フォームの追加、removeFieldは削除です。

画像投稿フォームを追加できるボタンの個数は、 **24** の「x-if="fields.length < 4"」の部分で4つまでに制限しています。

これで最大4件まで画像が投稿できるフォームが作成できましたので、post.blade.phpから呼び出しましょう **26** 。

26 resources/views/components/tweet/form/post.blade.php

```
@auth
<div class="p-4">
    <form action="{{ route('tweet.create') }}" method="post"
    enctype="multipart/form-data">
        @csrf
        <div class="mt-1">
            <textarea name="tweet" rows="3" class="focus:ring-blue-400
            focus:border-blue-400 mt-1 block w-full sm:text-sm border
            border-gray-300 rounded-md p-2" placeholder="つぶやきを入力">
            </textarea>
        </div>
        <p class="mt-2 text-sm text-gray-500">
            140文字まで
        </p>
        <x-tweet.form.images></x-tweet.form.images>

        @error('tweet')
        <x-alert.error>{{ $message }}</x-alert.error>
        @enderror
        …省略…
    </form>
</div>
@endauth
…省略…
```

240

ここでformタグに注目してください。「enctype="multipart/form-data"」を追加しています。これはHTMLの仕様で、POSTで送信する形式を表しています。コンテンツの内容を表すMIME Typeを複数扱えるようにするための記述です。

画像やファイルを投稿する際にはこの「enctype="multipart/form-data"」が必要です。

それではブラウザで表示してみましょう **27** 。

27 画像を1つ登録した状態（http://localhost/tweet）

「画像を追加」ボタンからファイル選択エリアが最大4件まで表示でき、「×」アイコンからファイル選択エリアが削除できるUIになっています **28** 。

28 画像を4つ登録すると「画像を追加」ボタンが消える

MEMO
表示が崩れている場合は、「sail npm run development」を実行して再表示してみてください。

CHAPTER 4 Laravelのさまざまな機能を使う

241

04 / 画像のアップロード機能を追加する

画像を4件追加してつぶやくと、一覧には投稿した画像が表示されるようになりました 29 。

29 画像とつぶやきを投稿した状態

削除処理を実装する

最後につぶやき削除時に、画像も一緒に削除されるようにします。サービスクラスに実装しましょう 30 。

30 app/Services/TweetService.php

```php
…省略…
class TweetService
{
    …省略…
    public function deleteTweet(int $tweetId)
    {
        DB::transaction(function () use ($tweetId) {
            $tweet = Tweet::where('id', $tweetId)->firstOrFail();
            $tweet->images()->each(function ($image) use ($tweet){
                $filePath = 'public/images/' . $image->name;
                if(Storage::exists($filePath)){
                    Storage::delete($filePath);
                }
                $tweet->images()->detach($image->id);
                $image->delete();
            });

            $tweet->delete();
        });
    }
}
```

ここの処理は次の流れになっています。

①対象のつぶやきモデルを取得
②つぶやきモデルにひも付いている画像を1件ずつ参照
③画像モデルからファイルパスを作成し、Fileクラス（ファサード）を利用
して画像の実体を確認
④画像があれば削除
⑤つぶやきと画像のひも付けをdetachで削除
⑥画像モデル（レコード）を削除

投稿処理と同様にコントローラからサービスクラスを呼び出して処理を行
います **31** 。

31 app/Http/Controllers/Tweet/DeleteController.php

```php
…省略…
class DeleteController extends Controller
{
    …省略…
    public function __invoke(Request $request, TweetService $tweetService)
    {
        $tweetId = (int) $request->route('tweetId');
        if (!$tweetService->checkOwnTweet($request->user()->id, $tweetId)) {
            throw new AccessDeniedHttpException();
        }
        $tweetService->deleteTweet($tweetId);
        return redirect()
            ->route('tweet.index')
            ->with('feedback.success', "つぶやきを削除しました");
    }
}
```

　実際にブラウザから画像付きで投稿したつぶやきを削除すると、storage/
app/public/imagesディレクトリから対象の画像が削除されることがわかり
ます。これで画像投稿および削除が実装できました。

CHAPTER5

アプリケーションの
テスト＆デプロイ

Webアプリケーションはいったん作ったら終わりではなく、
継続的に開発されていきます。
テストによってアプリケーションの堅牢性を担保できるよう、
継続的にテストが実施される仕組みを作りましょう。
また実際にWeb上で動かすためのデプロイ工程についても、
どのような作業が必要になるかをHerokuを例に見ていきます。

01 アプリケーションをテストする

02 GitHub ActionsでCIを行う

03 Laravelで構築したアプリケーションをデプロイする

アプリケーションを
テストする

01

Webアプリケーションを安定して運用していくためには、テストが不可欠です。ここでは、テスト用のコードの書き方について見ていきましょう。

```
$ sail dusk
PHPUnit 9.5.12 by Sebastian Bergmann and contribu

..
2 / 2 (100%)

Time: 00:13.090, Memory: 24.00 MB

OK (2 tests, 4 assertions)
```

Laravelのテスト
機能を利用する

Laravelのテスト機能

　Webアプリケーションのテストは重要です。もしテストがなければ、リリースのたびに追加したコードによって以前の機能が壊れていないかを気にする必要があるでしょう。

　もちろん手動で毎回テストを行うことも可能ですが、ページや機能が増えるほど、テストにかかる時間も増えていきます。少しでもその労力を減らすために、コードによるテストが可能な場所については、積極的にテストコードを書いていきたいものです。

　ここでは、次の3つのテストに焦点を当てて解説していきます。

・ユニットテスト
・フィーチャーテスト
・ブラウザテスト

　LaravelではPHPUnitがデフォルトでサポートされており、各種テストを実行することができます。

246

testsディレクトリには、ユニットテスト（単体テスト）が配置できるUnitディレクトリとフィーチャーテスト（機能テスト）が配置できるFeatureディレクトリが最初から用意されています。また、Laravel Duskというブラウザテストをサポートするツールも公式から提供されています。

テストの概要

各テストの詳細に入る前に、まずはテストコマンドを紹介します。テストには次のようなコマンドが用意されています。

```
sail test
```

現状で実行するとデータベースに存在するこれまでのデータがすべて消えてしまいますが、仮にコマンドを実行した場合はいくつかのテストが実行され、すべてのテストがパスします **01** 。

01 テストを実行してみたところ

```
Comuputer:example-app user$ sail test

PASS  Tests\Unit\ExampleTest
✓ example

PASS  Tests\Feature\Auth\AuthenticationTest
✓ login screen can be rendered
✓ users can authenticate using the login screen
✓ users can not authenticate with invalid password

PASS  Tests\Feature\Auth\EmailVerificationTest
✓ email verification screen can be rendered
✓ email can be verified
✓ email is not verified with invalid hash
```

前述したように、Laravelではユニットテスト、フィーチャーテストのサンプルテストが初めから用意されているためそれが実行されています。

・ユニットテスト：tests/Unit/ExampleTest.php
・フィーチャーテスト：tests/Feature/ExampleTest.php

また、Laravel Breezeを導入している場合は（P.110参照）、Featureにその他のテストも追加されており、それらも実行されています。

まずはこのようにコマンドを1つ実行するだけで、複数のテストを実行できることを理解しておきましょう。

01 / アプリケーションをテストする

ユニットテスト

　ユニットテストは単体テストとも呼ばれ、アプリケーション全体ではなくクラスなどの小さい単位に対して動作の検証を行います。

　ここからはすでに作成されている、app/Services/TweetService.phpのcheckOwnTweetに対するユニットテストを実装していきます。

処理の流れを確認

　まずは、改めてcheckOwnTweetの処理を確認してみましょう 02 。

02 app/Services/TweetService.php

```php
public function checkOwnTweet(int $userId, int $tweetId): bool ……①
{
    $tweet = Tweet::where('id', $tweetId)->first(); ……②
    if (!$tweet) {
        return false; ……③
    }
    return $tweet->user_id === $userId; ……④
}
```

①まず引数で$userId（ユーザーID）と$tweetId（つぶやきID）を受け取る
②Tweetモデルを使い、引数で受け取ったつぶやきIDに合致するデータをデータベースから取得する
③つぶやきIDに合致するデータがなければfalseを返す
④データがある場合は、取得したつぶやきのユーザーIDと引数で受け取ったユーザーIDが等しければtrueを返し、違えばfalseを返す

　checkOwnTweetメソッドの処理の流れは以上のようになっており、投稿者のみがつぶやきの編集・削除ができるように制御するメソッドです。

テストコードの作成

　処理の流れが確認できたところで早速テストを書いていきます。

　まず次のコマンドを実行しましょう。

```
sail artisan make:test Services/TweetServiceTest --unit
```

するとtests/Unit/Services/TweetServiceTest.phpのファイルが作成
されます 03 。

03 tests/Unit/Services/TweetServiceTest.php

```php
<?php

namespace Tests\Unit\Services;

use PHPUnit\Framework\TestCase;

class TweetServiceTest extends TestCase
{
    /**
     * A basic unit test example.
     *
     * @return void
     */
    public function test_example()
    {
        $this->assertTrue(true);
    }
}
```

このようにサンプルのテストが書かれた状態でファイルが生成されますの
で、test_exampleテストを書き換えながらテストを書いていきます。
まずはテストのメソッド名を変更しましょう。test_check_own_tweetとい
う名前に変更して書き進めていきます 04 。

04 tests/Unit/Services/TweetServiceTest.php

```php
class TweetServiceTest extends TestCase
{
    public function test_check_own_tweet()
    {
        $this->assertTrue(true);
    }
}
```

249

01 / アプリケーションをテストする

　何はともあれTweetServiceクラスをインスタンス化しないとはじまらないので、インスタンスを作成します **05** 。

05 tests/Unit/Services/TweetServiceTest.php

```php
<?php

namespace Tests\Unit\Services;

use PHPUnit\Framework\TestCase;
use App\Services\TweetService;

public function test_check_own_tweet()
{
    $tweetService = new TweetService(); // TweetServiceのインスタンスを作成
    $this->assertTrue(true);
}
```

　ファイルの冒頭に「use App\Services\TweetService;」を指定するのも忘れないようにしましょう。
　今回チェックしたいのはcheckOwnTweetの動作です。先ほど処理の流れを確認した通り、渡された$userIdと$tweetIdによってtrueかfalseが返ってくるかどうかが確認できれば問題ないでしょう。まずはtrueになるかどうかを確認するテストを書いてみます **06** 。

06 tests/Unit/Services/TweetServiceTest.php

```php
public function test_check_own_tweet()
{
    $tweetService = new TweetService();

    $result = $tweetService->checkOwnTweet(1, 1);
    $this->assertTrue($result);
}
```

　checkOwnTweetにはユーザーIDが1、つぶやきIDが1の値を引数に渡しています。
　「$this->assertTrue($result);」は$resultの値がtrueであるかどうかをチェックするアサーションメソッド（次ページ参照）になります。

250

続いてfalseになるかどうかを確認するテストも追加します 07 。

07 tests/Unit/Services/TweetServiceTest.php

```php
public function test_check_own_tweet()
{
    $tweetService = new TweetService();

    $result = $tweetService->checkOwnTweet(1, 1);
    $this->assertTrue($result);

    $result = $tweetService->checkOwnTweet(2, 1);
    $this->assertFalse($result);
}
```

checkOwnTweetにはユーザーIDが2、つぶやきIDが1の値を引数に渡しています。「$this->assertFalse($result);」は、先ほどとは逆に$resultの値がfalseであるかどうかをチェックします。

モックを利用する

ここまでで書いたテストですが、つぶやきIDが1の投稿をしたユーザーのユーザーIDが1であるというデータがデータベースに存在すれば正しく動作するでしょう。ですが、ユニットテストは基本的にはデータベースに接続しないで行うのが望ましいです。

ユニットテストは冒頭でも触れた通り、アプリケーション全体ではなくクラスなどの小さい単位に対する動作確認であることから、外部接続を行うデータ

アサーションメソッド

　assert○○はアサーションメソッドと呼ばれ、PHPUnitで利用することができるメソッドで、いろいろな値のチェックを行えます。今回はtrueとfalseを判定するためにassertTrueとassertFalseを利用しています。

　その他にも「assertNull($result)」は$resultがNULLかをチェックし、「assertEquals($val1, $val2)」は$val1と$val2が等しいかをチェックするなど、さまざまなアサーションメソッドがあります。テストに応じて使い分けましょう。

01 ／ アプリケーションをテストする

ベースや外部サイトのAPI呼び出しなどに依存しないようにするためです。

TweetServiceクラスのcheckOwnTweetメソッドの中では冒頭で処理の流れを確認いただいた通り、「$tweet = Tweet::where('id', $tweetId)->first();」の部分でデータベースに問い合わせをしています。この部分をデータベースに接続しないようにしていきます。そのために利用する機能がモックです。

まずは実際にモックを利用したテストコードを見てみましょう `08`。

`08` tests/Unit/Services/TweetServiceTest.php

```php
use Mockery;

…省略…

/**
 * @runInSeparateProcess
 * @return void
 */
public function test_check_own_tweet()
{
    $tweetService = new TweetService();

    $mock = Mockery::mock('alias:App\Models\Tweet');
    $mock->shouldReceive('where->first')->andReturn((object)[
        'id' => 1,
        'user_id' => 1
    ]);

    $result = $tweetService->checkOwnTweet(1, 1);
    $this->assertTrue($result);

    $result = $tweetService->checkOwnTweet(2, 1);
    $this->assertFalse($result);
}
```

冒頭に「use Mockery;」を追加しています。このMockeryというツールでモックを作成することができます。モックを利用することで、データベース接続や外部サイトのAPI呼び出し部分を、テスト実行時にのみ、コード内で想定動作を模したものに置き換えられます。ユニットテストの独立性を高め、テストを書きやすくする役割を持ちます。

MEMO
mock（モック）という単語は「疑似」や「模造」といった意味です。

252

先ほどの 08 のテストコード内では「$mock = Mockery::mock('alias:
App\Models\Tweet');」の部分でTweetモデルのモックオブジェクトを作
成しています。ここで作成しているモックオブジェクトはApp\Models\
Tweets.phpをテストのために差し替えた模造品、と考えてよいでしょう。

次に、モックオブジェクトに対して「Tweet::where('id', $tweetId)
->first();」が実行された場合の処理を追加しています。

```
$mock->shouldReceive('where->first')->andReturn((object)[
    'id' => 1,
    'user_id' => 1
]);
```

shouldReceiveには呼び出されるメソッド名を入れますが、今回は
「where('id', $tweetId)->first();」（P.086の 05 ）のように->でつない
だメソッドチェーンになっていますので、引数に「where->first」を指定して
います。そして、そのメソッドが呼び出された場合にはidが1、user_idが1の
オブジェクトを返すように指定しました。

このようにして、本来はデータベースへの接続を行ってデータの取得をする
Tweetモデルを、自身で定義したモックオブジェクトに置き換えられます。

また、Docコメントに「@runInSeparateProcess」を追加しています。通
常はコメントとして無視される部分ですが、PHPUnitに対しては有効です。
今回利用している「Mockery::mock('alias:App\Models\Tweet');」の
モックはEloquentモデルを簡単にモックできるものの、とても強力で他のテ
ストに影響を及ぼしてしまう可能性が高く、別のテストとは違うプロセスで動
くようにアノテーションを追加しています。

それではテストを実行してみましょう。テストファイルを指定することで、その
テストのみを実行することができます。

```
sail test tests/Unit/Services/TweetServiceTest.php

  PASS    Tests\Unit\Services\TweetServiceTest
✔ check own tweet

Tests:  1 passed
Time:   0.82s
```

MEMO

アノテーションとは、コードに対してコメントを利用して情報（メタデータ）を追記できる仕組みです。PHPではドキュメントコメント（Docコメント）と呼ばれます。PHPUnitが解釈するアノテーション以外にも、引数のパラメータに情報を付与したり、PHPStanなどの静的解析ツールが解釈するものを記述することができます。

このようにテストがパスしたはずです。無事app/Services/TweetService.phpのcheckOwnTweetに対するユニットテストを実装することができました。

Tweetモデルをモックにして実行した箇所については少々とっつきにくいかもしれませんが、データベースへ接続することなくテストできるため、データベースへの依存をなくしテストを安定させるための手法の一つとしてぜひ覚えておきましょう。

フィーチャーテスト

フィーチャーテストは機能テストとも呼ばれます。ユニットテストはクラスなど小さい単位に対するテストでしたが、フィーチャーテストは複数のクラスが組み合わさった場合の一連の動作のテストを行います。

ここではつぶやきの削除を行うためのapp/Http/Controllers/Tweet/DeleteController.phpの機能に対するテストを実装していきたいと思います。

処理の流れを確認

まずは改めて、DeleteController.phpを確認してみます 09 。

09 app/Http/Controllers/Tweet/DeleteController.php

```
public function __invoke(Request $request, TweetService $tweetService)
{
    $tweetId = (int) $request->route('tweetId');   ……①
    if (!$tweetService->checkOwnTweet($request->user()->id, $tweetId)) {   ……②
        throw new AccessDeniedHttpException();   ……③
    }
    $tweetService->deleteTweet($tweetId);   ……④
    return redirect()   ……⑤
        ->route('tweet.index')
        ->with('feedback.success', "つぶやきを削除しました");
}
```

①まずつぶやきIDをリクエストから取得
②ログイン中のユーザーIDを取得し、つぶやきIDと一緒に先ほどテストを書いたcheckOwnTweetに値を渡す
③つぶやきを削除できるユーザーでなければAccessDeniedHttpExceptionを返す
④つぶやきを削除できるユーザーであればデータを削除
⑤つぶやき削除後に一覧ページ(/tweet)にリダイレクトしてメッセージを表示

DeleteController.phpの処理の流れは以上のようになっています。

テスト用のデータベースの設定

フィーチャーテストではデータベースへの接続も含めたテストを行いますので、テスト用のデータベースの設定を行います。
docker-compose.ymlにテストデータベースの定義を追加します **10** 。

10 docker-compose.yml（mysqlと同じ階層に入る）

```yaml
…省略…
    mysql:
        …省略…
    mysql.test:
        image: 'mysql/mysql-server:8.0'
        environment:
            MYSQL_ROOT_PASSWORD: '${DB_PASSWORD}'
            MYSQL_ROOT_HOST: "%"
            MYSQL_DATABASE: '${DB_DATABASE}'
            MYSQL_USER: '${DB_USERNAME}'
            MYSQL_PASSWORD: '${DB_PASSWORD}'
            MYSQL_ALLOW_EMPTY_PASSWORD: 1
        networks:
            - sail
        healthcheck:
            test: [ "CMD", "mysqladmin", "ping", "-p${DB_PASSWORD}" ]
            retries: 3
            timeout: 5s
    redis:
        …省略…
```

追記する際にはインデントが揃うように注意してください。
追記が完了したら「sail up -d」コマンドを実行してテストデータベースを起動するのを忘れないようにしましょう。

01 / アプリケーションをテストする

次にphpunit.xmlを修正します。phpunit.xmlではテスト時に利用する環境変数の定義をすることができます **11** 。

11 phpunit.xml

```
<php>
    <env name="APP_ENV" value="testing"/>
    <env name="BCRYPT_ROUNDS" value="4"/>
    <env name="CACHE_DRIVER" value="array"/>
    <!-- <env name="DB_CONNECTION" value="sqlite"/> -->
    <!-- <env name="DB_DATABASE" value=":memory:"/> -->
    <env name="DB_HOST" value="mysql.test"/>
    <env name="MAIL_MAILER" value="array"/>
    <env name="QUEUE_CONNECTION" value="sync"/>
    <env name="SESSION_DRIVER" value="array"/>
    <env name="TELESCOPE_ENABLED" value="false"/>
</php>
```

「<env name="DB_HOST" value="mysql.test"/>」の行を追加しましょう。こうすることで、テスト時のみDB_HOSTが切り替わり、先ほどdocker-compose.ymlに定義したテスト用のデータベースを参照するようになります。

テストコードの作成
データベースの設定が完了したので、テストを書いてみましょう。

```
sail artisan make:test Tweet/DeleteTest
```

ユニットテストの作成の際には--unitをコマンド末尾に付与しましたが、フィーチャーテストの作成の場合には必要ありません。このコマンドを実行するとtests/Feature/Tweet/DeleteTest.phpが作成されます **12** 。

12 tests/Feature/Tweet/DeleteTest.php

```php
<?php

namespace Tests\Feature\Tweet;

use Illuminate\Foundation\Testing\RefreshDatabase;
```

256

```
use Illuminate\Foundation\Testing\WithFaker;
use Tests\TestCase;

class DeleteTest extends TestCase
{
    /**
     * A basic feature test example.
     *
     * @return void
     */
    public function test_example()
    {
        $response = $this->get('/');

        $response->assertStatus(200);
    }
}
```

　作成されたサンプルテストでは、「$response = $this->get('/');」でトップページにアクセスし、そのページのステータスコードが200であるかどうかを「$response->assertStatus(200);」で確認しています。

　このようにフィーチャーテストではHTTPリクエストを送った場合のテストが可能です。

　今回はつぶやき削除のHTTPリクエスト「/tweet/delete/{tweetId}」に対するテストを実装していきます **13** 。

13 tests/Feature/Tweet/DeleteTest.php

```
class DeleteTest extends TestCase
{
    …省略…
    public function test_delete_successed()
    {
        $response = $this->delete('/tweet/delete/1');

        $response->assertRedirect('/tweet');
    }
}
```

01 / アプリケーションをテストする

「$response->assertRedirect('/tweet');」は/tweetページにリダイレクトしたことを確認するためのアサーションになります。

ここで一度テストを実行してみましょう。次のコマンドを実行します。

```
sail test tests/Feature/Tweet/DeleteTest.php
```

テストは失敗するはずですが、問題ありません。ここから必要な実装を加えていきましょう。

まずは、「use RefreshDatabase;」の行を追加します 14 。

14 tests/Feature/Tweet/DeleteTest.php

```php
class DeleteTest extends TestCase
{
    use RefreshDatabase;
    …省略…

    public function test_delete_successed()
    {
        $response = $this->delete('/tweet/delete/1');

        $response->assertRedirect('/tweet');
    }
}
```

この「use RefreshDatabase;」はLaravelのフィーチャーテストで利用できる機能で、テストの実行前後にデータベースが初期化されます。今回作成しているのはつぶやき削除のテストですが、つぶやき投稿や更新などのテストも実装する場合、それらのデータが存在することによって不整合が発生し、テストが正しく動かないという事態が起こりえます。

そのような問題を回避するために、データの不整合が起こらないように気をつけながらテストを書くというのも1つの方法ではありますが、今回はテストの独立性を高めるため「use RefreshDatabase;」を利用します。

テスト用のデータの作成

さて、削除のテストを成功させるためには実際にデータベースにデータが存在する必要があります。次の2つが必要ですね。

①削除したいつぶやきのデータ
②そのつぶやきを投稿したユーザーのデータ

テストのためにこの2つのデータを作成していきます。

まずはユーザーのデータから作成します。すでに作成しているUserモデルのファクトリーを利用してユーザーを作成します 15 。

15 tests/Feature/Tweet/DeleteTest.php

```php
use Illuminate\Foundation\Testing\RefreshDatabase;
use Illuminate\Foundation\Testing\WithFaker;
use Tests\TestCase;
use App\Models\User;

class DeleteTest extends TestCase
{
…省略…
    public function test_delete_successed()
    {
        $user = User::factory()->create(); // ユーザーを作成

        $response = $this->delete('/tweet/delete/1');

        $response->assertRedirect('/tweet');
    }
}
```

続いてつぶやきも作成していきましょう。こちらはTweetファクトリーを使います。ファクトリーのcreateメソッドの引数に先に作成したユーザーのIDを指定します 16 。

01 / アプリケーションをテストする

16 tests/Feature/Tweet/DeleteTest.php

```
…省略…
use Tests\TestCase;
use App\Models\User;
use App\Models\Tweet;

…省略…
    public function test_delete_successed()
    {
        $user = User::factory()->create();

        $tweet = Tweet::factory()->create(['user_id' => $user->id]);
                                                      // つぶやきを作成

        $response = $this->delete('/tweet/delete/' . $tweet->id);
                                                      // 作成したつぶやきIDを指定

        $response->assertRedirect('/tweet');
    }
}
```

　ところでつぶやきの削除はつぶやいたユーザーのみが行える仕様なので、ログインが必要になります。Laravelのフィーチャーテストではログインに関してもサポートされています **17** 。

17 tests/Feature/Tweet/DeleteTest.php

```
public function test_delete_successed()
{
    $user = User::factory()->create();

    $tweet = Tweet::factory()->create(['user_id' => $user->id]);

    $this->actingAs($user);  // 指定したユーザーでログインした状態にする

    $response = $this->delete('/tweet/delete/' . $tweet->id);

    $response->assertRedirect('/tweet');
}
```

「$this->actingAs($user);」を利用すると、引数に指定したユーザーでログインすることができます。ここまでで仕様を満たしたテストが書けましたので、テストを再度実行してみましょう。

```
sail test tests/Feature/Tweet/DeleteTest.php

   PASS     Tests\Feature\Tweet\DeleteTest
  ✔ delete successed


  Tests:   1 passed
  Time:    1.93s
```

無事テストがパスできたはずです。このようにフィーチャーテストでは複数のクラスが組み合わさった一連の動作のテストを実行できます。ユニットテストと比べて、データベースへの接続も含めたテストも簡単に行えることも理解できたと思います。

Laravel Duskを使う

Laravel Duskはアプリケーションのブラウザテストを行うためのツールです。本来、ブラウザテストを行うためには、ローカル環境にJDKやSeleniumなどのインストールが必要ですが、Laravel Sailではそれらの環境が初めから用意されており、簡単にブラウザテストを始めることができます。

Laravel Duskのインストール
まずは次のコマンドを実行して、Laravel Duskのパッケージをインストールします。

```
sail composer require --dev laravel/dusk
```

さらに次のコマンドを実行します。

```
sail artisan dusk:install
```

261

01 / アプリケーションをテストする

　こちらのArtisanコマンドを実行すると、Laravel Duskのブラウザテスト用のコードを配置するtests/Browserディレクトリが作成されます。また同時にサンプルのテストも追加されます。

　この状態で、ひとまずLaravel Duskを実行してみましょう。テストを行うには、「sail dusk」コマンドを実行します。

```
sail dusk
PHPUnit 9.5.13 by Sebastian Bergmann and contributors.


.                                                      1 / 1 (100%)


Time: 00:08.257, Memory: 20.00 MB


OK (1 test, 1 assertion)
```

　無事テストが完了したはずです。では、ここでどのようなテストが実行されたか、テストファイルを見てみましょう。

　サンプルのテストはtests/Browser/ExampleTest.phpです 18 。

18 tests/Browser/ExampleTest.php

```php
<?php

namespace Tests\Browser;

use Illuminate\Foundation\Testing\DatabaseMigrations;
use Laravel\Dusk\Browser;
use Tests\DuskTestCase;

class ExampleTest extends DuskTestCase
{
    /**
     * A basic browser test example.
     *
     * @return void
     */
```

262

```
public function testBasicExample()
{
    $this->browse(function (Browser $browser) {
        $browser->visit('/')
                ->assertSee('Laravel');
    });
}
```

このテストでは、「$browser->visit('/')」でトップページにアクセスし、ページ内に「Laravel」の文字が存在するかどうかをチェックしています。実際にhttp://localhostにアクセスして確認してみると、トップページにはいくつか「Laravel」という文字が存在することもわかります 19 。

19 トップページ（http://localhost/）

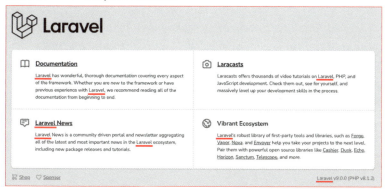

テストの動作確認をするために、テストを少し書き換えてみましょう。

20 tests/Browser/ExampleTest.php

```
public function testBasicExample()
{
    $this->browse(function (Browser $browser) {
    $browser->visit('/')
            ->assertSee('Laravel')
            ->assertSee('Hello!');
    });
}
```

01 / アプリケーションをテストする

「->assertSee('Hello!')」を追加しました。この状態で再度sail duskコマンドを実行してみるとエラーになります。

```
sail dusk
PHPUnit 9.5.13 by Sebastian Bergmann and contributors.

F                                                            1 / 1 (100%)

Time: 00:02.330, Memory: 20.00 MB

There was 1 failure:

1) Tests\Browser\ExampleTest::testBasicExample
Did not see expected text [Hello!] within element [body].
Failed asserting that false is true.

/var/www/html/vendor/laravel/dusk/src/Concerns/MakesAssertions.php:181
/var/www/html/vendor/laravel/dusk/src/Concerns/MakesAssertions.php:152
/var/www/html/tests/Browser/ExampleTest.php:21
/var/www/html/vendor/laravel/dusk/src/Concerns/ProvidesBrowser.php:68
/var/www/html/tests/Browser/ExampleTest.php:22

FAILURES!
Tests: 1, Assertions: 2, Failures: 1.
```

エラーになる原因は、ページ内に「Hello!」の文字がないためです。resources/views/welcome.blade.phpに「Hello!」の文字を追加してみましょう **21**。

21 resources/views/welcome.blade.php

```
        </div>
        Hello!
    </body>
</html>
```

264

ここでは</body>タグの直上に「Hello!」を追記しましたが、<body>〜</body>のどこに追記しても問題ありません。再度「sail dusk」を実行してみます。

```
sail dusk
PHPUnit 9.5.13 by Sebastian Bergmann and contributors.

.                                                             1 / 1 (100%)

Time: 00:01.971, Memory: 20.00 MB

OK (1 test, 2 assertions)
```

　今度はテストが成功しました。「OK (1 test, 2 assertions)」と、「assertSee('Hello!')」を追加したぶん「assertions」が1つ増えていることも確認できます。
　このようにLaravel Duskを使えば、とても簡単にブラウザテストを行えます。サンプルテストではページ内に対象の文字列が存在するかを確認するだけのassertSeeというアサーションを利用しましたが、それ以外にもさまざまなアサーションがあり目的に応じたテストを行うことができます。

ログインテストを作成する

　ではさらに実践的にログインのブラウザテストを書いてみましょう。
　ここでは正しいEmailとパスワードが入力された状態で「LOG IN」ボタンをクリックした場合に、ログインが成功することを確認するテストを書いていきます。

処理の流れを確認

　具体的なテストを書いていく前に、ログインが成功した場合、どのような処理になるのかを確認します。改めてhttp://localhost/loginにアクセスしてみると、ログインにはEmailとPasswordが必要であることがわかります。実際にログインを試してみて、次のような動作になることを確認しましょう。

①http://localhost/loginにアクセス
②Emailの入力
③Passwordの入力
④「LOG IN」ボタンをクリック
⑤ログイン成功時はhttp://localhost/tweetにリダイレクトされる

このリストを1つ1つテストに書いていけばよいでしょう。

テストコードの作成

まずはテストを作成します。次のコマンドを実行しましょう。

```
sail artisan dusk:make LoginTest
```

tests/Browser/LoginTest.phpが作成されます **22** 。

22 tests/Browser/LoginTest.php

```
<?php

namespace Tests\Browser;

use Illuminate\Foundation\Testing\DatabaseMigrations;
use Laravel\Dusk\Browser;
use Tests\DuskTestCase;

class LoginTest extends DuskTestCase
{
    /**
     * A Dusk test example.
     *
     * @return void
     */
    public function testExample()
    {
```

```
        $this->browse(function (Browser $browser) {
            $browser->visit('/')
                    ->assertSee('Laravel');
        });
    }
}
```

testExampleのメソッドにはサンプルのテストが書かれていますので、ここを変更していきましょう。まずはテストの名前を「testSuccessfulLogin」に変更し、http://localhost/loginにアクセスする処理を書きます。すでに「$browser->visit('/')」という記述があります。これが指定したパスに遷移するための処理ですから、ここの対象を/loginに変えます **23** 。

23 tests/Browser/LoginTest.php

```
class LoginTest extends DuskTestCase
{
    …省略…
    public function testSuccessfulLogin()
    {
        $this->browse(function (Browser $browser) {
            $browser->visit('/login') // パスを変更する
                    ->assertSee('Laravel');
        });
    }
}
```

フォームへの入力内容を設定

次にEmailの入力です。ページ上のフォームに入力するためには「$browser->type('email', 'test@example.com');」の処理を行います。typeの第1引数は「<input id="email" type="email" name="email" required="required" autofocus="autofocus">」のようなタグのtype属性の部分が指定できます **24** 。

267

01 / アプリケーションをテストする

24 tests/Browser/LoginTest.php

```php
public function testSuccessfulLogin()
{
    $this->browse(function (Browser $browser) {
        $browser->visit('/login')
            ->type('email', 'test@example.com')  // メールアドレスを入力する
            ->assertSee('Laravel');
    });
}
```

パスワードも同様に対応しましょう。パスワードのインプットタグには「type="password"」が指定されています **25** 。

25 tests/Browser/LoginTest.php

```php
public function testSuccessfulLogin()
{
    $this->browse(function (Browser $browser) {
        $browser->visit('/login')
            ->type('email', 'test@example.com')
            ->type('password', 'password')  // パスワードを入力する
            ->assertSee('Laravel');
    });
}
```

テスト用のユーザーを作成

では、テストに使用するユーザーはどうすればよいでしょう? ユーザーの登録がないとログインは失敗しますので、どうにかしてユーザーの登録をする必要があります。今回はテストの中で、Userファクトリーを使ってユーザーを作成しましょう **26** 。

26 tests/Browser/LoginTest.php

```php
use Illuminate\Foundation\Testing\DatabaseMigrations;
use Laravel\Dusk\Browser;
use Tests\DuskTestCase;
use App\Models\User;

class LoginTest extends DuskTestCase
{
    …省略…
    public function testSuccessfulLogin()
    {
        $this->browse(function (Browser $browser) {
            $user = User::factory()->create();  // テスト用のユーザーを作成する
            $browser->visit('/login')
                ->type('email', $user->email) // テスト用のユーザーのメールアドレスを指
                                                                        定する
                ->type('password', 'password')
                ->assertSee('Laravel');
        });
    }
}
```

ファイルの冒頭に「use App\Models\User;」の記述も必要ですので追加します。

これでユーザーを作成できます。Userファクトリーはデフォルトでパスワードが「password」の文字列になるように設定されているので、パスワードの入力欄は「password」のままで今回は問題ありません。

フォーム送信とログイン後の挙動の設定

EmailとPasswordの入力ができたので「LOG IN」ボタンをクリックします。ボタンのクリックは「$browser->press('LOG IN');」で実行できます。

今回はボタンの表示テキストになっている「LOG IN」を引数に渡しますが、ここでも対象のタグのidやclassなどのセレクタを指定することもできます **27** 。

01 / アプリケーションをテストする

27 tests/Browser/LoginTest.php

```php
public function testSuccessfulLogin()
{
    $this->browse(function (Browser $browser) {
    $user = User::factory()->create();
    $browser->visit('/login')
        ->type('email', $user->email)
        ->type('password', 'password')
        ->press('LOG IN') // 「LOG IN」ボタンをクリックする
        ->assertSee('Laravel');
    });
}
```

　ログインが成功するとhttp://localhost/tweetに遷移するはずですので、そこも検証します。次のページが正しく開かれたかを確認するためには「assertPathIs('/tweet')」を利用します **28** 。

28 tests/Browser/LoginTest.php

```php
public function testSuccessfulLogin()
{
    $this->browse(function (Browser $browser) {
        $user = User::factory()->create();
        $browser->visit('/login')
            ->type('email', $user->email)
            ->type('password', 'password')
            ->press('LOG IN')
            ->assertPathIs('/tweet') // /tweetに遷移したことを確認する
            ->assertSee('Laravel');
    });
}
```

　ログインが成功するとつぶやきトップ画面に遷移しますが、「つぶやきアプリ」のタイトルが表示されますので、そちらを検証しましょう **29** 。

270

29 tests/Browser/LoginTest.php

```php
public function testSuccessfulLogin()
{
    $this->browse(function (Browser $browser) {
        $user = User::factory()->create();
        $browser->visit('/login')
            ->type('email', $user->email)
            ->type('password', 'password')
            ->press('LOG IN')
            ->assertPathIs('/tweet')
            ->assertSee('つぶやきアプリ');  // ページ内に「つぶやきアプリ」が表示されていること
                                           との確認
    });
}
```

　これでコードが完成しました。それではLaravel Duskでテストを実行して
みましょう。

```
sail dusk
PHPUnit 9.5.13 by Sebastian Bergmann and contributors.

..                                                    2 / 2 (100%)

Time: 00:06.181, Memory: 24.00 MB

OK (2 tests, 4 assertions)
```

　無事に成功しました。testsが1つ増え、assertionsが2つ増えていますの
で、今回追加したものが反映されていることがわかります。

　このように、Laravel Duskを使えばかなりシンプルにブラウザテストを実
行することが可能です。

　今回の例ではログインページのようなシンプルなページを対象にしました
が、より複雑な操作が必要なページであっても対応可能です。どのようなブラ
ウザ操作ができるのか、どのようなチェックができるのかなどの詳細は公式の
ドキュメントに例示があります。

　それらを参照しながら、自分の環境にあわせたブラウザテストを構築しま
しょう。

GitHub ActionsでCIを行う

02

前セクションでテストを実装しましたが、手動で実行すると忘れる可能性もあります。テストの自動実行を設定すると、テスト漏れを防ぐことができます。

GitHub Actionでテストを自動化

GitHub Actions

　前セクションで実装したテストは、コマンド1つで実行することができ、手元で機能を追加・修正するたびにテストを実行することで、既存の機能を壊したりしていないかを手軽に確認できました。ですが、もし複数人で同じソースコードに手を加える場合はどうでしょう？ 個々人が意識してテストを実行する必要があり、テスト漏れが出る可能性もあります。

　テストを自動実行する方法はいくつか存在しますが、ここではGitHub Actionsを利用してテストを自動化していきます。まずは必要なツールや用語を見てみましょう。

Git

　Gitはソースコードのバージョン管理をするためのツールです。作成したソースコードの変更履歴を記録しておくことができます。

　試しにコンソールでコマンドを実行してみましょう。

```
git --version
git version 2.28.0
```

> **MEMO**
> Gitの詳細や使い方については本書では触れられませんので、別途解説書やWebサイトのドキュメント等をご参照ください。

「git --version」のコマンドを実行してこのような結果が出れば、すでにあなたのパソコンにはGitがインストールされている状態です。もしインストールされていない場合は、公式サイトからインストールするようにしてください。

GitHub

GitHubはGitで管理しているソースコードをインターネット上にアップロードするための場所を提供しているWebサービスです。今回作成したつぶやきアプリのソースコードをGitでバージョン管理し、GitHubにソースコードをアップロードすることができます。

GitHub Actions

GitHub ActionsはGitHubが提供するCI/CDサービスです。CIはContinuous Integrationの略で「継続的インテグレーション」と呼ばれます。CDはContinuous Deliveryの略で「継続的デリバリー」と呼ばれます。いずれも大まかにはアプリケーションの開発工程の自動化を指しますが、CIはコンパイルやビルド、テスト工程等の自動化、CDはCI後のデリバリー（デプロイ）工程の自動化を指します。

今回のテスト実行の自動化のようなタスクはCIに含まれると考えていいでしょう。

以降に進む前に、Gitのインストール、GitHubへの登録を完了しておいてください。

> **MEMO**
> CI/CDの詳細や使い方については本書では触れられませんので、別途解説書やWebサイトのドキュメント等をご参照ください。

▼ Gitでバージョン管理する

ここまで作成したつぶやきアプリのバージョン管理にまだGitを利用していない場合は、Gitの設定を行いましょう。ターミナル上でexample-appフォルダに移動し、次のコマンドを1つずつ実行します。

```
git init
```

```
git add .
```

```
git commit -m "first commit"
```

GitHubにリポジトリを作成する

　GitHub上でリポジトリを作成します。GitHubにログインするとヘッダーの右側に「＋」ボタンが表示されます。そこをクリックしてつづけて「New Repository」をクリックします 01 。

　次にリポジトリの設定を行います。「Repository name」に「example-app」など適当な名前を入力します。

　「Public」と「Private」はどちらを選んでも問題ありませんが、「Public」にするとすべてのユーザーが閲覧できる状態になります。つぶやきアプリをGitHubにアップロードするくらいであれば「Public」で問題ないでしょうが、外部の人に漏らしてはいけないソースコードをアップロードする場合などはよく確認しましょう。

　最後に「Create repository」をクリックするとリポジトリが作成されます 02 。

01 リポジトリを作成

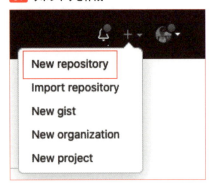

02 リポジトリを設定

GitHubにリポジトリをプッシュする

　GitHubにリポジトリが作成できたら手元にあるソースコードをアップロードします。

　リポジトリ作成後に表示される画面に「…or push an existing repository from the command line」の項目がありますので、ここに表示されたコマンドを1つずつ実行しましょう 03 。

03 プッシュするコマンドの表示

...or push an existing repository from the command line

```
git remote add origin git@github.com:blue-goheimochi/example-app.git
git branch -M main
git push -u origin main
```

Actionsの設定ファイルの作成

GitHub Actions（以降は「Actions」と呼びます）の設定ファイルを作成していきます。Actionsの設定ファイルは「.github/workflows/」のディレクトリの中に設置する必要があります。そのディレクトリと「phpunit.yml」というファイルを作成して、**04** のコードを記述していきましょう（内容は後で見ていきます）。

なお、「phpunit.yml」ファイルはYAML形式で記述します。YAMLでは、インデントは入れ子構造を、「-」は配列を表します。

> **MEMO**
> 「.」で始まるファイルやフォルダは、パソコンのOSでは不可視ファイルとして扱われるため、GUI上からは見えません。Visual Studio Code等のエディターを利用しているのであれば、Visual Studio Code上のエクスプローラーから作成するとやりやすいでしょう。

04 .github/workflows/phpunit.yml

```yaml
name: Laravel

on:
  push:
  pull_request:

env:
  DB_USERNAME: sail
  DB_PASSWORD: password
  MAIL_FROM_ADDRESS: info@example.com

jobs:
  phpunit:

    runs-on: ubuntu-latest

    services:
      mysql.test:
        image: 'mysql/mysql-server:8.0'
        ports:
          - 3306:3306
```

02 / GitHub ActionsでCIを行う

```
    env:
      MYSQL_DATABASE: 'example_app'
      MYSQL_USER: ${{ env.DB_USERNAME }}
      MYSQL_PASSWORD: ${{ env.DB_PASSWORD }}
      MYSQL_ALLOW_EMPTY_PASSWORD: 1
    options: >-
      --health-cmd "mysqladmin ping"
      --health-interval 10s
      --health-timeout 5s
      --health-retries 5

  steps:
    - uses: actions/checkout@v2
    - name: Setup PHP
      uses: shivammathur/setup-php@v2
      with:
        php-version: '8.1'
        tools: composer:v2
    - name: Copy .env
      run: cp .env.example .env.testing
    - name: Install Dependencies
      if: steps.cache.outputs.cache-hit != 'true'
      run: composer install -q --no-ansi --no-interaction --no-scripts --no-
      progress --prefer-dist
    - name: Generate key
      run: php artisan key:generate --env testing
    - name: Set hostname
      run: sudo echo "127.0.0.1 mysql.test" | sudo tee -a /etc/hosts
    - name: Execute tests (Unit and Feature tests) via PHPUnit
      run: vendor/bin/phpunit
```

ファイルが作成できたら早速コミット&プッシュをしてみましょう。

```
git add .
git commit -m "GitHub Actionsの設定ファイルを追加"
git push origin main
```

　プッシュができたらGitHubのリポジトリのページから「Actions」のリンク
をクリックしてみましょう。 05 のようにActionsのWorkflowの一覧でテス
トの実行ができていることが確認できます。

276

05 Actionsでテストが実行されたところ

All workflows

Showing runs from all workflows

🔍 Filter workflow runs

1 workflow run	Event ▾	Status ▾	Branch ▾	Actor ▾

● **Github Actionsの設定ファイルを追加**
Laravel #1: Commit c78f21e pushed by blue-goheimochi   `main`   📅 now ⏱ Queued   ···

設定ファイルの内容を確認する

今回作成した設定ファイルを上から順番に見ていきましょう。

on

onでは、ワークフローを実行するタイミングを設定します。

```
on:
  push:
  pull_request:
```

これは、次のタイミングでワークフローが実行されるという設定です。

```
push：ブランチがプッシュされた時
pull_request：プルリクエストが作成された時
```

env

envでは、テストで利用するための環境変数の設定を行っています。

```
env:
  DB_USERNAME: sail
  DB_PASSWORD: password
  MAIL_FROM_ADDRESS: info@example.com
```

02 / GitHub ActionsでCIを行う

MySQLのユーザー名とパスワードの設定、メール送信時にFromに設定されるメールアドレスを指定しています。あとで「.env.testing」ファイルを作成しますが、「.env.testing」ファイルよりもここで設定した環境変数が優先されます。

jobs

ジョブの定義の記述です。今回はphpunitというジョブを設定しました。ジョブ名は任意の値を設定できます。

```
jobs:
  phpunit:
```

runs-on

ジョブの実行環境の設定です。ここでは、最新のUbuntuの環境を利用して実行することを指定しています。

```
runs-on: ubuntu-latest
```

services

ジョブに関連して起動するサービスの設定です。今回はテストで利用するMySQLを起動するための設定を記述しています。

```
services:
  mysql.test:
    image: 'mysql/mysql-server:8.0'
    ports:
      - 3306:3306
    env:
      MYSQL_DATABASE: 'example_app'
      MYSQL_USER: ${{ env.DB_USERNAME }}
      MYSQL_PASSWORD: ${{ env.DB_PASSWORD }}
      MYSQL_ALLOW_EMPTY_PASSWORD: 1
    options: >-
      --health-cmd "mysqladmin ping"
      --health-interval 10s
      --health-timeout 5s
      --health-retries 5
```

278

MySQLの設定はdocker-compose.ymlと.envファイルから確認できます。--health-○○はMySQLのヘルスチェック（死活チェック）を行っています。これを行うことで、ActionsはMySQLの起動が完了するまで待機したのち、stepsの処理に進みます。MySQLが起動していないなど、タイミングが悪いとデータベースに接続するフィーチャーテストが失敗してしまうため、このようなヘルスチェックを入れるのが一般的です。

なお、optionsの箇所に「>-」とありますが、これはYAMLの書き方で、複数行にわたるコマンドを記述したい場合に利用します。

steps

stepsには、ジョブで実行するタスクを記述していきます。この部分は、GitHub上のリポジトリにブラウザでアクセスして、Actionsタブ→New workflow→LaravelのConfigureとクリックするとベースになる雛形が表示されるので、それを参考に記述するとよいでしょう。ここでは次のように記述しました。

> **MEMO**
> YAML記法では「-」は配列を表します。stepsでは、タスクを順番に配列で登録していきます。

```yaml
steps:
  - uses: actions/checkout@v2
  - name: Setup PHP
    uses: shivammathur/setup-php@v2
    with:
      php-version: '8.1'
      tools: composer:v2
  - name: Copy .env
    run: cp .env.example .env.testing
  - name: Install Dependencies
    if: steps.cache.outputs.cache-hit != 'true'
    run: composer install -q --no-ansi --no-interaction --no-scripts --no-progress --prefer-dist
  - name: Generate key
    run: php artisan key:generate --env testing
  - name: Set hostname
    run: sudo echo "127.0.0.1 mysql.test" | sudo tee -a /etc/hosts
  - name: Execute tests (Unit and Feature tests) via PHPUnit
    run: vendor/bin/phpunit
```

stepsには各種コマンドなどを設定しています。ひとつずつ見ていきましょう。

uses: actions/checkout@v2

まず、actions/checkout@v2を実行してリポジトリのチェックアウトを行います。チェックアウトが行われることで、Actionsが構築するテスト環境にここまでで作成したファイルの一式がダウンロードされます。

```
uses: actions/checkout@v2
```

name: Setup PHP

ここは、ActionsでPHPをセットアップする定義です。shivammathur/setup-php@v2はShivam Mathur氏が開発したActions上でPHP環境をセットアップするツールです。

```
- name: Setup PHP
  uses: shivammathur/setup-php@v2
  with:
    php-version: '8.1'
    tools: composer:v2
```

name: Copy .env

runの部分のコマンドを実行することで、テスト用の環境変数の設定ファイルである.env.testingに、.env.exampleの内容をコピーしています。

```
- name: Copy .env
  run: cp .env.example .env.testing
```

name: Install Dependencies

「composer install」を実行し、依存している必要なパッケージをダウンロードします。ifの部分では、キャッシュが利用できる場合はキャッシュを利用するように記述しています。

```
- name: Install Dependencies
  if: steps.cache.outputs.cache-hit != 'true'
  run: composer install -q --no-ansi --no-interaction --no-scripts
  --no-progress --prefer-dist
```

> **MEMO**
>
> .env.exampleはデータベースへの接続情報などの設定のテンプレートとなるファイルです。実際に接続に使われるのは.envですが、本物の.envを公開すると悪意のあるユーザーもデータベースに接続できてしまいます。そのため、.envはGitHubにはPushされないファイルとして、.gitignoreに登録されています。

name: Generate key

.env.testingにAPP_KEYを設定します。

```
- name: Generate key
  run: php artisan key:generate --env testing
```

name: Set hostname

Actionsのサービスは、起動するとローカルホスト（127.0.0.1）で接続することができます。

データベースのホスト名はphpunit.xmlに「<env name="DB_HOST" value="mysql.test"/>」として記載しているため、ホスト名の設定を行っています。

```
- name: Set hostname
  run: sudo echo "127.0.0.1 mysql.test" | sudo tee -a /etc/hosts
```

name: Execute tests (Unit and Feature tests) via PHPUnit

最後はPHPUnitの実行です。「vendor/bin/phpunit」を実行してテストの実行を行っています。

```
- name: Execute tests (Unit and Feature tests) via PHPUnit
  run: vendor/bin/phpunit
```

Actionsの設定ファイルはこのようになっています。より詳しく知りたい方は、ぜひ公式ドキュメントを参照してみてください。

```
https://docs.github.com/ja/actions
```

以上のようにActionsの設定を行うことで、リポジトリのプッシュ時やプルリクエスト作成時に自動でテストが実行されるようになりました。

仮に手元でのテストを忘れてしまったとしても、自動でテストが実行されるタイミングが設けてあることで、不具合のあるコードが本番環境にデプロイされるような事態を防ぐことができるでしょう。

03 Laravelで構築したアプリケーションをデプロイする

これまでローカル環境でWebアプリケーションを作ってきましたが、実際にインターネットからアクセスできるようにデプロイしていく流れを見てみましょう。

GitHubと連携してHerokuにデプロイする

デプロイとは

　デプロイ（deploy）は「配備する」、「配置する」、「展開する」といった意味があります。一般的にWebアプリケーションにおけるデプロイは、サーバーにアプリケーションを配置して動かすことを指します。
　本書におけるデプロイは、「Laravelアプリケーションをサーバーに配置してブラウザからアクセスできること」と「サーバー上でジョブやスケジューラーが動いている状態になっていること」を指すことにします。

Herokuにデプロイする

　Webアプリケーションを配置するサーバーにはさまざまなものが存在します。レンタルサーバーのように共用のサーバーや専有のサーバーを月額で利用したり、クラウドサーバーのように仮想化されたサーバーを従量課金で利用したりと、用途や予算にあった選択ができます。
　本書ではHerokuというPaaS（Platform as a Service）を利用してアプリケーションのデプロイを行います 01 。

> MEMO
> 代表的なクラウドサーバーのサービスにAWS（Amazon Web Service）やGCP（Google Cloud Platform）、Azure（Microsoft Azure）があります。

`01` **Heroku（https://jp.heroku.com/）**

　HerokuはWebアプリケーションのホスティングサービスで、さまざまな言語を動かすサーバーが用意されています。ユーザーは自身にあったサーバーを選択し、アプリケーションをデプロイするだけで、サーバーのチューニングをしなくても動作させることができるサービスです。

　アドオンを利用することで別のサービスとサーバーを連携させたり、データベースなどを利用することができます。

　まずは次のURLにアクセスして、Herokuのアカウントを作成しましょう`02`。

```
https://signup.heroku.com/jp
```

`02` **Herokuのアカウント作成画面**

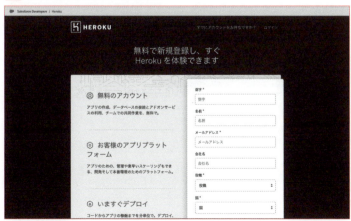

03 / Laravelで構築したアプリケーションをデプロイする

今回のアプリケーションではHerokuのアドオンを利用するためクレジットカードの登録が必要です。

無料枠を利用するため限度の超えた利用がない限りは費用が請求されることはありません。次のURLから設定します 03 。

> MEMO
> 右上のアイコンをクリックして「Account Setting」を選び、「Billing」タブをクリックしてもクレジットカードの登録画面にアクセスできます。

```
https://dashboard.heroku.com/account/billing
```

03 クレジットカードを登録

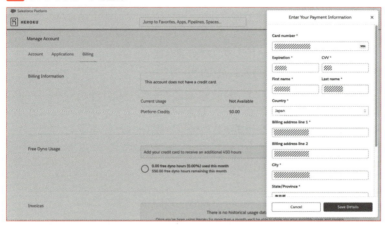

新規アカウントでログインすると、 04 のようなダッシュボードが表示されますので、「Create new app」から新たにアプリケーションを追加しましょう。

04 ダッシュボードで「Create new app」をクリック

「App name」でアプリケーションの名前をつけます。小文字・数字・ハイフンのみが利用可能です。また、まだ利用されていない名前を設定する必要がありますので注意しましょう **05** 。

05 アプリケーション名を設定

アプリケーションの作成が完了すると、**06** のようなアプリケーション管理画面が表示されます。「Deplpy method」でデプロイ元を設定します。ここではGitHubリポジトリにホスティングしているコードをHerokuにデプロイします。GitHubをクリックし、「Connect to GitHub」をクリックします。

06 GitHubへ接続

認証するとアカウントが表示されます。リポジトリ名を入力して「Search」をクリックすると、該当するリポジトリが表示されるので、「Connect」をクリックします **07** 。

03 / Laravelで構築したアプリケーションをデプロイする

07 リポジトリを選択

続いて「Automatic deploys」でデプロイするブランチを指定し、「Enable Automatic deploys」をクリックします 08 。「Automatic deploys」を有効にすることで、指定したブランチにプッシュがあった場合に自動的にデプロイを実行してくれます。

08 ブランチを選択

また動作環境としてPHP、ビルド時にはNode.jsが必要なので、これらを導入します。

ページ上部のメニューから「Settings」タブをクリックし、「Buildpacks」の項目で「php」と「nodejs」を1つずつ追加しましょう 09 10 。

09 「Add buildpack」で追加

286

10 phpとnodejsを追加する

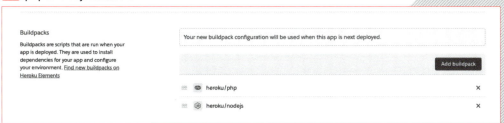

設定ファイルを作る

続いてHeroku上でアプリケーションを動作させるために、Procfileを作成します。ProcfileはHerokuでアプリケーションをどのように動作させるかの設定を記述するファイルです。

ローカル環境のアプリケーションのルートディレクトリに「Procfile」というファイルを新規作成し（拡張子は不要です）、 11 の内容を記述します。

11 Procfile

```
web: vendor/bin/heroku-php-apache2 public/
```

これはApacheサーバーを利用して、publicファイルをルートディレクトリとしてWebサーバーを起動する設定です。Laravelではpublicディレクトリのindex.phpを起点としてフレームワークが読み込まれて実行されます。

また、デプロイ時にはデータベースマイグレーションやJavaScriptやCSSのバンドルを実行させたいケースがあります。これらも設定が必要になるので、見てみましょう。

データベースマイグレーション

まずはデータベースマイグレーションをデプロイ時に実行させます。
先ほどのProcfileに 12 のように追記しましょう。

12 Procfile

```
release: php artisan migrate --force
web: vendor/bin/heroku-php-apache2 public/
```

287

03 / Laravelで構築したアプリケーションをデプロイする

Herokuのデプロイライフサイクルで、デプロイ直前のリリースフェーズという段階でこのrelease:に記述されたコマンドを実行してくれます。

ちなみにcomposer.jsonが存在する場合は、Herokuが認識して自動的に「composer install」も実行してくれますので、別途コマンドは不要です。

また、Herokuでは内部的にロードバランサーが設定されています。外部からHTTPSの通信で受け付けたものを、ロードバランサーを通してアプリケーションにリクエストが到達します。このロードバランサーからアプリケーションへのリクエストはHTTPSではなくHTTPになります。

この際、アプリケーションにロードバランサーから経由されたリクエストを信用させる必要があります。 **13** のようにTrustProxiesミドルウェアに追加します。

> **URL**
> リリースフェーズ |
> **Heroku Dev Center**
> https://devcenter.heroku.com/ja/articles/release-phase

13 app/Http/Middleware/TrustProxies.php

```php
class TrustProxies extends Middleware
{
    …省略…
    protected $proxies = '*';
    …省略…
}
```

JavaScriptとCSSのバンドル

続いてJavaScriptとCSSのバンドルの設定を行います。package.jsonのscriptsに次のスクリプトを追加します **14** 。

14 package.json

```json
"scripts": {
    …省略…
    "production": "mix --production",
    "heroku-postbuild": "npm run production"
},
```

Herokuには固有のビルドステップがあり、package.jsonに「heroku-prebuild」が設定されている場合は依存関係をインストールする前に実行され、「heroku-postbuild」があれば依存関係がインストールされた後に実行してくれます。ここでは「heroku-postbuild」としています。

また、package.jsonの「devDependencies」に書かれた開発者用の

依存ライブラリはJavaScriptやCSSのバンドルに必要になりますが、現状だとHeroku上では「npm install ―production」が実行されるため導入されません。

　Herokuでは環境変数に特定の値を設定することで回避できます。ブラウザでHerokuのダッシュボードのアプリケーション設定ページを表示し、「Settings」の「Config Vars」の欄にKEYに「NPM_CONFIG_PRODUCTION」、VALUEに「false」と入力して、「Add」をクリックします **15**。

15 環境変数を追加する

同様の要領で、**16** の環境変数も設定します。

16 KEYとVALUEの設定内容

KEY	VALUE
APP_NAME	つぶやきアプリ
APP_ENV	production
APP_KEY	ローカルの.envに記載のAPP_KEYの値
APP_DEBUG	false
APP_URL	https://{App Name}.herokuapp.com
LOG_CHANNEL	stderr
NPM_CONFIG_PRODUCTION	false
MAIL_FROM_ADDRESS	送信者として使用するメールアドレス

.envファイル

　Dockerを利用したローカルの開発環境では、.envを利用して環境変数を設定していました。しかし、Heroku環境ではHerokuのコンソールから環境変数を指定しています。

　ここで、.envファイルで管理したほうが簡単に思うかもしれません。しかし、.envファイルをGitHub等のホスティングサービスでコード管理した場合、公開範囲を誤って全体公開してしまった場合にトラブルの原因となります。

03 / Laravelで構築したアプリケーションをデプロイする

　.envに記載しているサービスのAPIキーやシークレット情報などを抜かれてしまい、従量課金のクラウドサービス等のリソースを勝手に利用されて高額請求されることもあります。

　.envファイルは、Laravelをインストールした際に.gitignoreに登録され、バージョン管理されないようになっています。そのため、.envファイルに本番向けの環境変数を定義してホスティングすることがないように気をつけましょう。

データベースを追加する

　次にデータベースを追加していきます。Herokuでは、アドオンを利用してデータベースを追加できます。

JawsDB MySQLを導入

　Herokuのダッシュボードのアプリケーション設定ページを表示し、「Resources」タブから「Add-ons」の検索窓で「JawsDB MySQL」を検索します **17**。

URL
JawsDB MySQL
https://elements.heroku.com/addons/jawsdb

17 「JawsDB MySQL」を検索（入力中に候補が表示される）

Add-ons

Q JawsDB

JawsDB MySQL

JawsDB Maria

Estimated Monthly Cost

　「JawsDB MySQL」を選択するとダイアログが表示されるので、「Plan name」が「Free」となるのを確認し、「Submit Order Form」をクリックします **18**。フリープランなので気軽に試すことができます。

290

18 ダイアログが表示されるのでプランを確認

「Add-ons」のリストに追加されます **19** 。

19 Add-onsのリストに追加される

接続情報を設定

　データベースへの接続情報を設定します。

　接続情報は、リストに追加された「JawsDB MySQL」をクリックすると作成されたデータベースのHostやデータベース名、ユーザー名、初期設定のパスワードなどを確認できます。

　もしくは「Settings」の「Config Vars」に「JAWSDB_URL」というキーで情報が追加されるので、そこから参照もできます。JAWSDB_URLには次のような情報が入っています。

```
mysql://ユーザー名:パスワード@ホスト:ポート/データベース名
```

MEMO
「JawsDB MySQL」のフリープランは容量が5MBまで、同時接続数10までなどの制限があります（2022年1月現在）。

https://elements.heroku.com/addons/jawsdb#pricing

CHAPTER 5 アプリケーションのテスト&デプロイ

291

では、Laravelから接続できるように「Config Vars」に **20** のように環境変数を追加します **21** 。

20 KEYとVALUEの設定内容

KEY	VALUE
DB_CONNECTION	mysql
DB_DATABASE	データベース名
DB_HOST	ホスト
DB_USERNAME	ユーザー名
DB_PASSWORD	パスワード

21 設定したConfig Vars

Config Vars

Config vars change the way your app behaves.
In addition to creating your own, some add-
ons come with their own.

Config Vars   Hide Config Vars

JAWSDB_URL	mysql://k88////	✎ ✕
NPM_CONFIG_PRODUCTION	false	✎ ✕
DB_CONNECTION	mysql	✎ ✕
DB_DATABASE	ibw////	✎ ✕
DB_HOST	exb////	✎ ✕
DB_USERNAME	k88////	✎ ✕
DB_PASSWORD	efp////	✎ ✕
KEY	VALUE	Add

　Laravelでは.envファイルから変数を取得するだけでなく、サーバー環境変数に設定されている値も読み込んでいます。ですので、Herokuでサーバー環境変数として設定した値を利用することができ、.envファイルをHeroku上に設置する必要がありません。

▼ セッションストレージを追加する

　ログイン情報やデータのキャッシュなどを保存するセッションストレージを追加しましょう。今回はMemcachedが利用できる「Memcached Cloud」をアドオンで追加します。

URL

Memcached Cloud

https://elements.heroku.com/addons/memcachedcloud

Memcached Cloudを導入

先ほどのJawsDB MySQLと同様の要領で、「Memcached Cloud」を検索して **22** 、Freeのプランで追加しましょう **23** 。

22 「Memcached Cloud」を検索

23 Freeプランで追加

Memcached Cloudも30MBの無料枠があるので気軽に試すことができます。

環境変数の追加

Memcached Cloudの情報も「Settings」の「Config Vars」に「MEMCACHEDCLOUD_SERVERS」、「MEMCACHEDCLOUD_USERNAME」、「MEMCACHEDCLOUD_PASSWORD」というキーで追加されています。MEMCACHEDCLOUD_SERVERSの値は、次のような形式になっています。

ホスト：ポート

CHAPTER 5

アプリケーションのテスト&デプロイ

MEMO

「Memcached Cloud」のフリープランには容量が30MB、レプリケーションなし、自動フェールオーバーなし等の機能制限があります（2022年1月現在）。

https://elements.heroku.com/addons/memcachedcloud#pricing

293

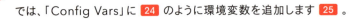

では、「Config Vars」に **24** のように環境変数を追加します **25**。

24 KEYとVALUEの設定内容

KEY	VALUE
CACHE_DRIVER	memcached
SESSION_DRIVER	memcached
MEMCACHED_HOST	ホスト
MEMCACHED_PORT	ポート
MEMCACHED_USERNAME	MEMCACHEDCLOUD_USERNAMEの値
MEMCACHED_PASSWORD	MEMCACHEDCLOUD_PASSWORDの値

25 設定したConfig Vars

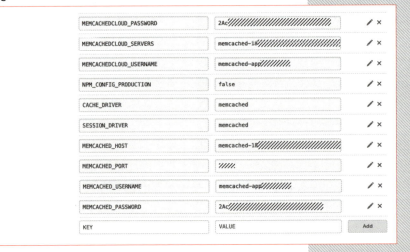

ライブラリを導入

さらに、PHPアプリケーションとmemcachedを接続するためのライブラリも導入します。ローカル環境に戻って、次のコマンドを実行しましょう。

```
sail composer require ext-memcached
```

メールサーバーを追加する

　Laravel Sailによるローカル開発では、MailHogを利用してメールを確認しました。ですが、実際のWebアプリケーションでは指定したアドレスにメールを送信してもらわなくてはいけません。ここでもアドオンを利用します。

Mailgunを導入

　HerokuではアドオンでMailgunというメール配信サービスを連携できます。これまでと同様の要領で、「Mailgun」を検索して 26 、Freeのプランで追加しましょう 27 。

> **URL**
> Mailgun
> https://elements.heroku.com/addons/mailgun

26 「Mailgun」を検索

27 Freeプランで追加

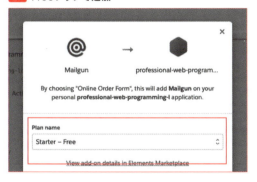

　Mailgunも無料枠があり400通/日を利用することができます。
　ただし、無料枠であるStarter Planの場合、サンドボックスドメインというメールアドレスが利用でき、許可したメールアドレスのみ実際に送信されます。

> **MEMO**
> 「Mailgun」のフリープランには400通/日まで、複数ドメインの使用なし、バッチ送信なし等の機能制限があります（2022年1月現在）。
>
> https://elements.heroku.com/addons/mailgun#pricing

03 / Laravelで構築したアプリケーションをデプロイする

HerokuのResourcesからMailgunのコンソールに移動しましょう　**28**　。

28 **Mailgunのコンソールに移動**

Mailgunにログイン後、左メニューからSending > Overviewに遷移し、「Authorized Recipients」で送信を許可するメールアドレスを指定します　**29**　。

29 **送信を許可するメールアドレスを設定**

ここで登録したメールアドレスにのみ、実際に送信されます。

不特定多数のメールアドレスに送信したい場合は、有料プランを検討してください。本書ではひとまず、サーバーでWebアプリケーションを動かすことにフォーカスして解説を進めます。

環境変数の追加

Mailgunの情報も、「Settings」の「Config Vars」に「MAILGUN_API_KEY」「MAILGUN_DOMAIN」、「MAILGUN_PUBLIC_KEY」、「MAILGUN_SMTP_LOGIN」、「MAILGUN_SMTP_PASSWORD」、「MAILGUN_SMTP_PORT」、「MAILGUN_SMTP_SERVER」というキーで追加されます。

「Config Vars」に　**30**　のように環境変数を追加します　**31**　。

30 KEYとVALUEの設定内容

KEY	VALUE
MAIL_MAILER	mailgun
MAILGUN_SECRET	MAILGUN_API_KEYの値

31 設定したConfig Vars

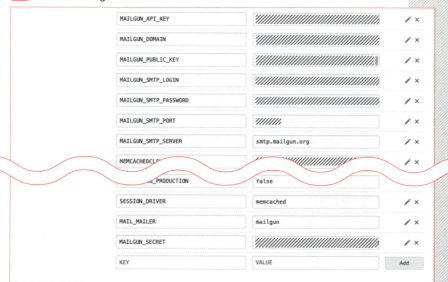

　また、原稿執筆時点では、Mailgunを利用する際、SymfonyのMailgun Mailer transportのライブラリを導入する必要があります。SailからComposerを利用して導入しましょう。いったんローカル環境に戻り、次のコマンドを実行しておきます。

```
sail composer require symfony/mailgun-mailer symfony/http-client
```

GitHubへのコミットはP.310でまとめて行います。

画像格納サーバーを追加する

　画像の格納先には、Heroku連携できる「Cloudinary」というCDNサーバーを利用します。これもアドオンで利用できます。

Cloudinaryを導入

　HerokuでCloudinaryのアドオンを追加します。これまでと同様の要領で、「Cloudinary」を検索して 32 、Freeのプランで追加しましょう 33 。

32 「Cloudinary」を検索

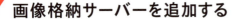

33 Freeプランで追加

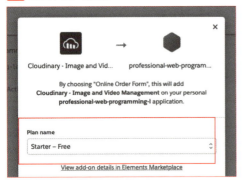

Cloudinaryも無料枠があり10GBを利用することができます。

環境変数の追加

　Cloudinaryの情報も、「Settings」の「Config Vars」に「CLOUDINARY_URL」というキーで追加されています。CLOUDINARY_URLの値は、次のような形式になっています。

```
cloudinary://APIキー:APIシークレット@アカウント名
```

> **URL**
> Cloudinary
> https://elements.heroku.com/addons/cloudinary

> **MEMO**
> 「Cloudinary」のフリープランにはストレージ10GBまで、月間帯域20GBまで等の機能制限があります（2022年1月現在）。
>
> https://elements.heroku.com/addons/cloudinary#pricing

では、「Config Vars」に　34　のように環境変数を追加します　35　。この
環境変数を読み込む際に必要なコードについては後述します。

34　KEYとVALUEの設定内容

KEY	VALUE
CLOUDINARY_API_KEY	APIキー
CLOUDINARY_API_SECRET	APIシークレット
CLOUDINARY_CLOUD_NAME	アカウント名

35　設定したConfig Vars

```
CLOUDINARY_URL           cloudinary://436////////:eSrub///     ✎ ×
CLOUDINARY_API_KEY       436////////                            ✎ ×
CLOUDINARY_API_SECRET    eSrub//////////////                    ✎ ×
CLOUDINARY_CLOUD_NAME    //////////                             ✎ ×
```

COLUMN　　**画像をアプリケーションのサーバーと分ける理由**

Herokuは無料枠であるFree Web
dynoという環境で動作させると、30分間ア
クセスがなかった場合にサーバーが休止す
る挙動があります。

これに限らず、昨今のWebアプリケーショ
ンではアクセス負荷があったり、アクセスが
見込まれる時間に事前にサーバーを増やす
（スケールアウト）といったアプローチがしば
しば取られます。

つまり、常に同じサーバーで稼働すること
が不確実ということです。

そのためアプリケーションを動作させる
サーバーには"状態があるもの"を置くことは
好ましくありません。先ほどMemcachedを
利用したように、"状態"を保持するサーバー
はアプリケーションと分ける必要があります。

これは、画像の格納先も同じことが言え
ます。クラウド環境では画像などを格納す
るサーバーとしてオブジェクトストレージが
よく使われますが、今回はCDN（コンテン
ツ・デリバリー・ネットワーク）サーバーである
「Cloudnary」を利用しました。CDNサー
バーはアクセスするユーザーの物理的に近い
サーバーにキャッシュを置くことで、素早く・
分散したネットワークでコンテンツを提供する
仕組みですが、CloudnaryはCDNサーバー
以外にもストレージの機能をもっているため、
今回はこのストレージに画像を保存させてい
ます。

03 / Laravelで構築したアプリケーションをデプロイする

画像をアップロードできるようにする

　続いて、既存アプリケーションの画像アップロードをCloudnaryに対応できるように変更していきます。

　まずはローカル環境で次のコマンドを実行して、Cloudnaryへのアップロードを行うライブラリを導入します。

```
sail composer require "cloudinary/cloudinary_php:^2"
```

環境変数を受け取る

　導入したライブラリは 36 のようにインスタンス化する必要があります。

36 Cloudinaryクラスをインスタンス化するコード例

```
$cloudinary = new Cloudinary(
    [
        'cloud' => [
            'cloud_name' => 'n07t21i7',
            'api_key'    => '1234567890012345',
            'api_secret' => 'abcdeghijklmnopqrstuvwxyz12',
        ],
    ]
);
```

　インスタンスの引数に先ほど発行された値を初期値として受け入れる必要があります。ただし、コードにそのまま書いてしまうと環境ごとに使い分けができませんし、秘匿情報であるためGitHubなどに誤って公開てしまうと悪用される可能性があります。

　そのため、環境変数で受け取れるように対応します。

　まず、app/Providers/AppServiceProvider.phpに 37 の記述を追加します。

300

37 app/Providers/AppServiceProvider.php

```php
<?php
namespace App\Providers;

use Cloudinary\Cloudinary;
use Illuminate\Support\ServiceProvider;

…省略…
    public function register()
    {
        $this->app->bind(Cloudinary::class, function () {
            return new Cloudinary([
                'cloud' => [
                    'cloud_name' => config('cloudinary.cloud_name'),
                    'api_key'    => config('cloudinary.api_key'),
                    'api_secret' => config('cloudinary.api_secret'),
                ],
            ]);
        });
    }
```

　サービスプロバイダにCloudnaryのライブラリが呼ばれた際に、すでにインスタンス化済みのライブラリが注入されるように設定します。インスタンスの引数はconfigから取得できるようにしています。

　続いてconfigを作成します。configディレクトリにcloudinary.phpというファイルを作成し、**38** を記述します。

38 config/cloudinary.php

```php
<?php

return [
    'cloud_name' => env('CLOUDINARY_CLOUD_NAME', null),
    'api_key' => env('CLOUDINARY_API_KEY', null),
    'api_secret' => env('CLOUDINARY_API_SECRET', null),
];
```

03 / Laravelで構築したアプリケーションをデプロイする

このようにenv()を利用することで、先ほどHerokuに設定した環境変数から値を設定できるようになります。config配下に設置したファイルは、**37** で記述した「config('cloudinary.cloud_name')」のように、Laravelのconfigヘルパー関数（config('ファイル名.配列のキー')）を利用して値が取得できるようになります。

アップロードの処理を記述する

次にアップロードの処理を実装していきます。開発時にはローカルへ保存し、本番環境はCloudnaryにアップロードするように環境によって処理を分岐させましょう。まずはインターフェースを利用して、定義は同じだが環境ごとに異なる実装を行います。

インターフェースの実装

appディレクトリにModules/ImageUploadというディレクトリ階層を作成し、そこで画像アップロードの処理を行うコードを管理します。「Image ManagerInterface.php」の新規ファイルを作成し、**39** を記述します。

> **MEMO**
> ここでは、インターフェースを利用することで共通の関数を持つ別々のクラスを作成できます。
> それぞれ開発向けと本番向けに異なる実装をする必要がありますが、インターフェースを利用する場合はその違いを気にする必要がありません。

39 app/Modules/ImageUpload/ImageManagerInterface.php

```php
<?php
declare(strict_types=1);

namespace App\Modules\ImageUpload;

interface ImageManagerInterface
{
    /**
     * @param \Illuminate\Http\File|\Illuminate\Http\UploadedFile|string $file
     * @return string
     */
    public function save($file): string;

    public function delete(string $name): void;
}
```

保存と削除が定義されたインターフェースを用意しました。これを元にローカル保存向けとCloudinaryへのアップロードするクラスを作ります。

302

ローカル保存向けのクラスの実装

　まずはローカル保存向けのクラス「LocalImageManager」を作ります。
「LocalImageManager.php」を新規作成して、 **40** を記述します。

40 app/Modules/ImageUpload/LocalImageManager.php

```php
<?php
declare(strict_types=1);

namespace App\Modules\ImageUpload;

use Illuminate\Support\Facades\Storage;

class LocalImageManager implements ImageManagerInterface
{
    public function save($file): string
    {
        $path = (string) Storage::putFile('public/images', $file);
        $array = (array) explode("/", $path);
        return end($array);
    }

    public function delete(string $name): void
    {
        $filePath = 'public/images/' . $name;
        if (Storage::exists($filePath)) {
            Storage::delete($filePath);
        }
    }
}
```

　実装の大枠は、app/Services/TweetService.phpのものから変わりま
せん。ImageManagerInterfaceを実装し、saveメソッドとdeleteメソッド
を持っています。

Cloudinaryへの保存向けクラスの実装

　続いてCloudinaryへのアップロードを行うクラス「CloudinaryImage
Manager」を実装します。「CloudinaryImageManager.php」を新規作
成して、 **41** を記述します。

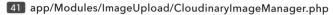

41 app/Modules/ImageUpload/CloudinaryImageManager.php

```php
<?php
declare(strict_types=1);

namespace App\Modules\ImageUpload;

use Cloudinary\Cloudinary;

class CloudinaryImageManager implements ImageManagerInterface
{
    public function __construct(private Cloudinary $cloudinary)
    {
    }

    /**
     * @throws \Cloudinary\Api\Exception\ApiError
     */
    public function save($file): string
    {
        return $this->cloudinary
            ->uploadApi()
            ->upload(is_string($file) ? $file : $file->getRealPath())['public_id'];
    }

    /**
     * @throws \Cloudinary\Api\Exception\ApiError
     */
    public function delete(string $name): void
    {
        $this->cloudinary->uploadApi()->destroy($name);
    }
}
```

こちらも同様にImageManagerInterfaceを実装しています。

Cloudinaryのライブラリを利用して画像のアップロードと削除を実装しています。Cloudinaryでは「public_id」が画像を一意に識別する値となりますのでこれを返します。

あとはこのインターフェースをapp/Services/TweetService.phpで利用するように変更します。

まずはコンストラクタで先ほど定義したインターフェイスを引数として利用します **42**。

42 app/Services/TweetService.php

```php
<?php

namespace App\Services;
…省略…
use App\Modules\ImageUpload\ImageManagerInterface;

class TweetService
{
    public function __construct(private ImageManagerInterface $imageManager)
    {}
…省略…
}
```

次に、それぞれ画像の保存と削除を行っていた箇所をimageManager経由で行うように変更します **43**。

43 app/Services/TweetService.php

```php
…省略…
public function saveTweet(int $userId, string $content, array $images)
{
    DB::transaction(function () use ($userId, $content, $images) {
        $tweet = new Tweet;
        $tweet->user_id = $userId;
        $tweet->content = $content;
        $tweet->save();
        foreach ($images as $image) {
            $name = $this->imageManager->save($image);
            $imageModel = new Image();
            $imageModel->name = $name;
            $imageModel->save();
            $tweet->images()->attach($imageModel->id);
        }
    });
}
```

```
public function deleteTweet(int $tweetId)
{
    DB::transaction(function () use ($tweetId) {
        $tweet = Tweet::where('id', $tweetId)->firstOrFail();
        $tweet->images()->each(function ($image) use ($tweet) {
            $this->imageManager->delete($image->name);
            $tweet->images()->detach($image->id);
            $image->delete();
        });
        $tweet->delete();
    });
}
```

環境ごとに実装を変える

　このままではインターフェイスを引数としているので、実際に動作させた際にLaravelはどのクラスを注入してよいか判断できません。

　そのためサービスプロバイダーにインターフェイスが引数とされている場合に、どのクラスを注入させるかを定義します。

　ここで環境ごとに違うクラスが注入されるように対応することで、開発時と本番で画像の保存先を変更できます。app/Providers/AppServiceProvider.phpに 44 を追加します。

44 app/Providers/AppServiceProvider.php

```php
<?php

namespace App\Providers;

use App\Modules\ImageUpload\CloudinaryImageManager;
use App\Modules\ImageUpload\ImageManagerInterface;
use App\Modules\ImageUpload\LocalImageManager;
use Cloudinary\Cloudinary;
use Illuminate\Support\ServiceProvider;

…省略…
    public function register()
    {
        $this->app->bind(Cloudinary::class, function () {
```

```
            return new Cloudinary([
                'cloud' => [
                    'cloud_name' => config('cloudinary.cloud_name'),
                    'api_key'    => config('cloudinary.api_key'),
                    'api_secret' => config('cloudinary.api_secret'),
                ],
            ]);
        });
        if ($this->app->environment('production')) {
            $this->app->bind(ImageManagerInterface::class,
            CloudinaryImageManager::class);
        } else {
            $this->app->bind(ImageManagerInterface::class,
            LocalImageManager::class);
        }
    }
…省略…
}
```

　「$this->app->environment('production')」で本番環境のときは
「CloudinaryImageManager::class」が注入され、それ以外の環境では
「LocalImageManager::class」が注入されるようになります。

テストを修正する

　app/Services/TweetService.phpを変更したのであわせてテストも修
正しましょう **45** 。

45 tests/Unit/Services/TweetServiceTest.php

```
use App\Modules\ImageUpload\ImageManagerInterface;

…省略…

public function test_check_own_tweet()
{
    $mock = Mockery::mock('alias:App\Models\Tweet');
    $mock->shouldReceive('where->first')->andREturn((object)[
        'id' => 1,
        'user_id' => 1
    ]);
```

```
    $imageManager = Mockery::mock(ImageManagerInterface::class);
    $tweetService = new TweetService($imageManager);

…省略…
```

　TweetServiceをインスタンス化する際に、ImageManagerInterfaceを
実装したクラスを注入する必要があるため、Mockeryを利用したモックを差
し込むように変更します。これでテストは通るようになりました。

Viewを変更する

　続いて、Viewの変更を行います。resources/views/components/
tweet/images.blade.phpでは、画像の呼び出しにassetというLaravel
が提供しているヘルパーを利用しています。
　ただし、このヘルパーのままではCloudinaryにアップロードした画像の
URLを呼び出すことができません。
　そのため、環境にあわせて処理を分岐させる必要があります。
　appディレクトリにhelpers.phpを作成し、独自のヘルパー関数を作りま
しょう 46 。

46 app/helpers.php

```php
<?php
declare(strict_types=1);

if (! function_exists('image_url')) {
    function image_url(string $path): string
    {
        if (app()->environment('production')) {
            return (string) app()->make(\Cloudinary\Cloudinary::class)
            ->image($path)->secure();
        }
        return asset('storage/images/' . $path);
    }
}
```

　image_urlというヘルパー関数を新たに定義しました。このヘルパー関数
はproduction環境ではCloudinaryのライブラリを利用して実際のURLを
取得しています。開発環境の場合は今までと同じようにassetヘルパーを利
用します。

この独自のヘルパー関数をアプリケーションのどこからでも呼び出せるようにcomposer.jsonのautoloadに **47** のようにfilesを追加します。

47 composer.json

```
"autoload": {
    "psr-4": {
        "App\\": "app/",
        "Database\\Factories\\": "database/factories/",
        "Database\\Seeders\\": "database/seeders/"
    },
    "files": [
        "app/helpers.php"
    ]
},
```

さらにViewを修正します **48** 。

48 resources/views/components/tweet/images.blade.php

```
<a @click="$dispatch('img-modal', {   imgModalSrc: '{{ image_url($image->name) }}'
})" class="cursor-pointer">
    <img alt="{{ $image->name }}" class="object-fit w-full"
    src="{{ image_url($image->name) }}">
</a>
```

最後にcomposer.jsonの内容を反映するために次のコマンドを実行します。

```
sail composer dump-autoload
```

これでデプロイの準備は完了です。

CHAPTER 5

アプリケーションのテスト&デプロイ

デプロイを実行する

　それでは、GitHubに変更をコミットして、リモートリポジトリにプッシュしましょう。

　HerokuのダッシュボードからActivityのタブを見るとデプロイが実行されていることがわかります 49 。

49 デプロイ中の表示

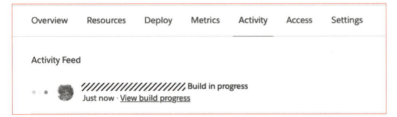

　「View build progress」のリンクをクリックすると、リアルタイムにデプロイ実行の出力を確認できます。デプロイが完了したら「アプリ名.herokuapp.com」にアクセスすると画面が表示できるようになっているはずです。

　会員登録やログイン、つぶやき投稿などを試してみましょう。

Workerサーバーを作成する

　Workerサーバーは、HTTPによるアクセスを受け付けてレスポンスを返すWebサーバーとは異なり、サーバー内部でコマンドを実行し、デーモン化させるサーバーです。今回はP.202で作成したQueueを実行するWorkerサーバーを作成します。

　作成は簡単でProcfileに 50 のようにWorkerサーバー向けの設定を追加します。

50 Procfile

```
release: php artisan migrate --force
web: vendor/bin/heroku-php-apache2 public/
worker: php artisan queue:restart && php artisan queue:work database --tries=3 --delay=60
```

この設定を追加した上でデプロイを実行します。

これはWorkerサーバー上でArtisanコマンドのQueueの再実行と、databaseを利用したQueue Workerの実行を指定しています。また、デフォルトではQueueが失敗すると際限なく繰り返してしまうので、リトライの回数を3回、間隔を60秒とオプションを追加しています。

デプロイが完了すると、Herokuの管理画面のResourcesタブからWorkerサーバーが追加されていることが確認できます 51 。

51 Workerサーバーが追加されている

この状態ではWorkerサーバーは起動していないので、鉛筆のアイコンから起動を行います 52 。トグルボタンをONにして、「Confirm」ボタンをクリックするとWorkerサーバーが起動します。

52 鉛筆のアイコンからWorkerサーバーを起動

Workerを利用してキューを利用したJob実行が行えるようになりました。

▼ スケジューラーの実行

続いては、P.212で作成した定期的に実行するスケジューラーを設定します。これもHerokuのアドオンを利用できます。「Cron To Go Scheduler」を導入しましょう。こちらは有償のアドオンですが、7日間のフリートライアルもあります 53 。

03 / Laravelで構築したアプリケーションをデプロイする

53 「Free Trial」で追加

導入したら「Cron To Go Scheduler」のダッシュボードに遷移します **54** 。

54 アイコンをクリックしてダッシュボードに遷移

「+Add job」からスケジュールを追加します **55** 。

55 「+Add job」をクリック

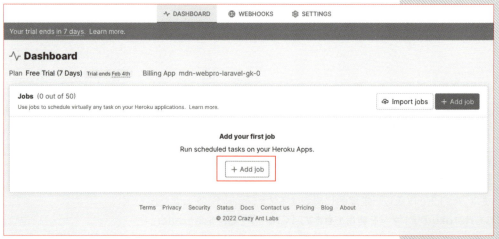

56 のように設定を追加します。ジョブの名前を設定し、「Schedule」で実行間隔を設定します。毎分実行させるため、「Presets」から「Every minute」を選択しましょう。また、「Command」には「php artisan schedule:run」を指定しました。

これでCronにより、Laravel Scheduleが毎分実行されます。P.218でLaravel Scheduleを利用して指定した時間に設定されたコマンドが実行されるようになります。

56 ジョブの設定

Add job ✕

Nickname (optional)

Laravel Schedule

Leave blank to use the job target.

Time zone

(UTC+09:00) Osaka, Sapporo, Tokyo

The time zone of the job. UTC is recommended for avoiding daylight savings time issues. Learn more.

Schedule (Cron syntax)

*/1 * * * *   Presets ▾

Every minute

next at Wed, Mar 2nd, 2022 at 22:40 +0900
then at Wed, Mar 2nd, 2022 at 22:41 +0900
then at Wed, Mar 2nd, 2022 at 22:42 +0900 ...

The schedule of the job specified using unix-cron format. The minimum precision is 1 minute. Learn more.

Command

$ php artisan schedule:run

The command to run as a one-off dyno. You can either supply the command to execute, or a process type that is present in your apps's Procfile. Learn more.

Dyno size

Free

The size of the one-off dyno. Learn more.

Timeout

1800   seconds

The number of seconds until the one-off dyno expires, after which it will soon be killed. Learn more.

◉ Active

Cancel   Add job

本書の最後に、Herokuを利用したデプロイについて紹介しました。PHPアプリケーションを実行できるホスティングサービスはほかにも数多くあり、サービスによってデプロイの方法はさまざまです。

LaravelをWebサービスとして動かす際には、次の点を確認しましょう。

・リクエストを受け付けるWebサービスとして利用するか
・Jobやスケジューラーを実行するためのWorkerとして利用するか

Heroku以外のサービスでデプロイする際もLaravelを実行するためにはこの2つの実行環境が必要になります。もちろん、作成するWebサイトによってはWorkerが不要な場合も考えられます。制作するWebアプリケーションの要件に応じて適切なサービスを選ぶとよいでしょう。

CHAPTER 5 アプリケーションのテスト&デプロイ

313

本書と同じバージョンを指定するには

　本書で使用しているTailwind CSSやAlpine.jsが等のライブラリ類がアップデートされると、本書で記述しているコードでは表示が崩れてしまったり、うまく動作しなくなる可能性があります。

　基本的にWebアプリケーション開発を行う上では最新のバージョンを利用することが望ましいですが、本書では学習目的として、P.009に掲載した本書のバージョンと合わせることを推奨します。

バージョンを合わせる方法

　PHPのライブラリの場合は次のようにバージョンを指定して導入することができます。ここでは、Laravel Breezeを例に解説します。すでに導入済みの場合はいったん削除します。

```
sail composer remove laravel/breeze
```

次に、新しくバージョンを指定してインストールします。

```
sail composer require --dev laravel/breeze:1.8.0
```

　JavaScriptやCSSのライブラリの場合もバージョンを指定して導入することができます。たとえばTailwind CSSであれば、すでに導入済みの場合はいったん削除します。

```
sail npm remove tailwindcss
```

次に、新しくバージョンを指定してインストールしましょう。

```
sail npm install --save-dev tailwindcss@3.0.22
```

　本書のダウンロードデータには本書で使用したcomposer.json、composer.lock、package.json、package-lock.jsonを同梱していますので、これを用いることで本書執筆時と同じ環境のバージョンに合わせることも可能です。このやり方は実際に仕事でバージョンを合わせる必要がある際にも使用されます。

　まず、それぞれのファイルをアプリケーションディレクトリに上書きします。PHPのライブラリを揃えるのであれば、vendorディレクトリを削除し、次のコマンドで再度ライブラリを導入しましょう。

```
sail composer install
```

　JavaScriptやCSSのライブラリであれば、node_modulesディレクトリを削除し、次のコマンドで再度ライブラリを導入します。

```
sail npm install
```

INDEX

記号・数字

__invoke	044
--pivot	223
:	152
::	042
{!! !!}	047
{{ }}	046
{{ $slot }}	151
<x-{name}>	151
.blade.php	047
.env	037, 174, 289
.env.example	037, 280
.env.testing	278, 280
.gitignore	037, 113, 290
@authディレクティブ	125, 158
@csrfディレクティブ	076
@errorディレクティブ	077
@foreachディレクティブ	069, 170
@guestディレクティブ	158
@methodディレクティブ	089, 096
@onceディレクティブ	166, 233
@phpディレクティブ	171
@propsディレクティブ	157, 169
@pushディレクティブ	167
@stackディレクティブ	167
$browser->press()	269
$browser->type()	267
$browser->visit()	263
$loop	170
$table->id()	054
$table->string()	054
$table->timestamps()	054
403エラーページ	139

アルファベット

●A

AccessDeniedHttpException	139
addField	240

allメソッド	067
Alpine.js	009, 231
app	026
artisan	026
artisanコマンド	030, 041
breeze:install	111
db:seed	058, 066
dusk:install	261
dusk:make	266
key:generate	281
list	207
make:command	205, 214
make:component	162
make:controller	041
make:factory	063
make:job	194
make:mail	181, 212
make:middleware	115
make:migration	052, 127, 221
make:model	060, 223
make:request	071
make:seeder	057, 128
make:test	248, 256
migrate	055
migrate:fresh	130
queue:restart	310
queue:table	200
sail:publish	032
schedule:list	210
schedule:run	211, 313
storage:link	225
tinker	196
vendor:publish	191
assertEqualsメソッド	251
assertFalseメソッド	251
assertNullメソッド	251
assertPathIsメソッド	270
assertRedirectメソッド	258
assertSeeメソッド	263
assertTrueメソッド	250

authミドルウェア	118
AuthenticationExceptionクラス	120
authorizeメソッド	073
AWS	282
Azure	282

●B

BigInteger	128
Blade	046
Bladeテンプレート	069, 070
bootstrap	026

●C

CakePHP	012
cascadeOnDelete	223
CD	273
CDNサーバー	299
CI	273
cloudinary	009, 298
cloudinary_php	009
Composerコマンド	031
composer install	037
composer require	078
composer.json	026
composer.lock	026
config	026
configヘルパー関数	302
constrained	222
Controller	016
countメソッド	065, 066
cpコマンド	078
createメソッド	065, 066
Cron To Go Scheduler	311
CRUD	097
CSRF	015, 076
CSS	166

●D

database	026
DBファサード	237

315

INDEX

ddヘルパー関数 ································ 067
definitionメソッド ························· 064
deleteメソッド ····························· 095
DELETEメソッド ···························· 096
Dependency Injection ·············· 102
destroyメソッド ····················· 095, 160
detailsタグ ································· 093
DI ··· 102
dispatchメソッド ·························· 200
dispatchSyncメソッド ··················· 196
DIコンテナ ································· 108
Docコメント ································ 253
Docker ···································· 018
　イメージ ································· 034
　インストール ··························· 018
　起動しない場合（Win） ················ 022
dockerディレクトリ ························ 033
Docker Desktop ························· 009
docker-compose.yml
　····························· 032, 033, 035
Dockerfile ·························· 032, 033
docker run ······························ 025
dos2unix ································· 025
downメソッド ······························ 054
dump() ··································· 229

● E
eヘルパー関数 ······························ 161
Eager Loading ························· 228
Eloquentモデル
　··· 015, 060, 062, 067, 133, 223
env ······························ 179, 180, 277
Exceptionクラス ························· 122

● F
Facade ···································· 049
Factory ···················· 050, 063, 128, 223
factoryメソッド ····················· 065, 066
Faker ························· 064, 066, 224
firstメソッド ······························ 086
firstOrFailメソッド ······················ 087
foreignId ································ 222
FormRequestクラス ··········· 071, 109
formタグ ·································· 241

● G
GCP ······································· 282
GETメソッド ······························· 085
Git ·· 272
GitHub ··············· 037, 273, 274, 285
GitHub Actions ··············· 273, 275
guestミドルウェア ························ 117

● H
handleメソッド ··························· 196
heroicons ································ 155
Heroku ···································· 282
htmlspecialchars関数 ·············· 046
HTMLメール ······························· 188
HttpException ························· 122
HTTPメソッド ··············· 076, 085, 096
HTTPリクエスト ·························· 041

● I
input() ··································· 080

● J
JawsDB MySQL ························· 290
Job ······································· 194
jobs ······································ 278
JST ······································· 034

● L
lang ······································ 026
Laravel ··································· 009
Laravel Breeze
　······················ 009, 110, 148, 247
Laravel Dusk ··························· 261
Laravel Homestead ·················· 018
Laravel-Lang ··························· 078
Laravel Mix ····························· 143
Laravel Sail ············· 009, 018, 027
LTS ······································· 017

● M
macOS ···································· 018
Mailableクラス ·························· 181
Mailgun ································· 295
MailHog ································· 174

Markdown ·························· 188, 214
Memcached Cloud ·················· 292
MIME Type ······························ 241
mixヘルパー関数 ························ 150
Mockery ································· 252
Model ···································· 016
Monterey ································ 018
MVC ······································ 016
my.cnf ···································· 035
MySQL ··············· 009, 029, 035, 051

● N
N+1問題 ·································· 228
nl2br関数 ································ 161
node_modules ························· 026
Node.js ·············· 009, 032, 144, 286
npm ······························· 032, 144
npm install ······················ 112, 145
npm run dev ···························· 112
npm run development ·············· 146
npm run watch ························ 147

● O
on ·· 277
orderBy ·································· 082
ORM ······························· 014, 060

● P
PaaS ····································· 282
package-lock.json ··················· 026
package.json ············· 026, 144, 147
PHP ······················· 009, 017, 033
phpコマンド ······························ 031
PhpStorm ································ 009
PHPUnit ·································· 030
phpunit.xml ···························· 026
phpunit.yml ···························· 275
Pivotモデル ······························ 224
POSTメソッド ····················· 085, 241
PostCSS ·································· 146
prepareException関数 ·············· 122
Procfile ···························· 287, 310
props ····································· 151
public ···································· 026

316

PUTメソッド ……………………… 085

● Q

Queue ……………… 194, 197, 202, 310

● R

RDBMS …………………………… 237
redirectヘルパー関数 …………… 081
RefreshDatabase ………………… 258
removeField ……………………… 240
REPL ……………………………… 196
resources ………………………… 026
Route ……………………………… 074
routeヘルパー関数
 ……………… 076, 081, 088, 158
Route::middleware() …………… 137
routes …………………………… 026
RouteServiceProvider …………… 124
rulesメソッド …………………… 073
runメソッド ………………… 057, 065
runs-on …………………………… 278

● S

Sailコマンド …………………… 037
Sail環境 ………………………… 032
sail artisan ……………………… 030
sail composer …………………… 031
sail dusk ………………………… 262
sail mysql ………………… 029, 051
sail node ………………………… 032
sail npm ………………………… 032
sail php ………………………… 031
sail test ………………… 031, 247
sail up …………………………… 028
saveメソッド ……………… 081, 091
scheduleメソッド ……………… 208
scripts …………………………… 147
SCSS ……………………………… 143
Seeder ……………………… 056, 128
server.php ……………………… 026
Serviceクラス …………………… 137
services ………………………… 278
showメソッド …………………… 042
slot ……………………………… 153

sortByDesc() …………………… 082
SQL ……………………………… 082
SQLインジェクション ………… 015
staticメソッド ………………… 042
steps …………………………… 279
storage …………………………… 026
Symfony ………………………… 122
sync ……………………………… 199

● T

Tailwind CSS ……………… 009, 148
tailwind.config.js ……………… 148
Taylor Otwell ………………… 034
tests …………………………… 026
TIMESTAMP型 ………………… 054
tinker …………………………… 196

● U

Ubuntu ………………………… 024
unsignedBigInteger …………… 128
upメソッド ……………………… 054
use() …………………………… 237
user関数 ………………………… 132
UTC ……………………… 034, 210
Utility First …………………… 148

● V

Vargrant ……………………… 018
vendor ………………………… 026
versionメソッド ……………… 149
View ……………………… 016, 049
viewヘルパー関数 …………… 048

● W

Webpack ……………………… 143
webpack.mix.js ………… 026, 145
whereメソッド ………………… 085
Windows ……………………… 025
Windows 10 …………………… 020
with ……………… 050, 091, 228
Workerサーバー ……………… 310
WSLのバージョン ……………… 023
WSL2 …………………………… 020
WSL INTEGRATION …………… 023

● X

XSS ……………………… 015, 046

● Y

YAML …………………… 275, 279

● Z

Zend Framework ……………… 012

五十音

● ア

アサーションメソッド …………… 251
アノテーション ………………… 253
アプリケーションコンテナ ……… 029
依存 …………………………… 100
依存性の注入 …………………… 102
エイリアス ……………………… 028
オブジェクトリレーショナルマッパー
 …………………………… 060

● カ

会員登録ボタン ………………… 156
改行コード ……………………… 025
開発環境 ………… 018, 032, 037
外部キー制約 …………… 128, 222
画像アップロード ……………… 302
仮想化 …………………………… 022
画像格納サーバー ……………… 298
画像投稿機能 …………………… 219
画像投稿処理 …………………… 235
画像の拡大表示 ………………… 231
仮想マシン プラットフォーム …… 022
ガード …………………………… 118
機能テスト ……………………… 254
キャッシュバスティング ………… 149
クエリパラメータ ……………… 150
クエリビルダ …………………… 082
クラスベースコンポーネント …… 162
クロスサイトリクエストフォージェリ … 076
継続的インテグレーション ……… 273
継続的デリバリー ……………… 273
交差テーブル …………………… 221
降順 …………………………… 082

317

INDEX

コマンド ……………… 028, 204
コミット ……………… 276
コンストラクタ ……………… 101
コントローラ
　……… 016, 041, 071, 083, 094
コンパイル ……………… 146
コンポジット主キー ……………… 063

●サ
再ビルド ……………… 034
削除 ……………… 242
サービスコンテナ
　……… 074, 100, 104, 107
サポート ……………… 017
死活チェック ……………… 279
シーダー ……… 057, 059, 060, 065
シーディング ……………… 056, 065
主キー ……… 054, 062, 095
シングルアクションコントローラ ……………… 044
シンボリックリンク ……………… 225
スキーマ ……………… 052
スクリプトタグ ……………… 047
スケジューラー ……………… 204, 311
ステータスコード ……………… 122
スネークケース ……………… 062
脆弱性 ……………… 015, 076
セキュリティ ……………… 015
セッションストレージ ……………… 292
増分整数値 ……………… 062
ソート ……………… 082

●タ
タイムゾーン ……………… 034, 210
対話式シェル ……………… 196
単体テスト ……………… 248
ディレクティブ ……………… 068, 070
テスト ……………… 030, 246
テストの自動化 ……………… 272
データベース ……… 060, 080, 290
データを取得 ……………… 067
テーブル ……………… 055, 062

デプロイ ……… 273, 282, 313
デーモン起動 ……………… 028
テンプレートエンジン ……………… 046
テンプレート構文 ……………… 069
糖衣構文 ……………… 069
投稿者 ……………… 133
動作環境 ……………… 009, 017
動的 ……………… 046
匿名コンポーネント ……………… 151
トークンチェック ……………… 076
トランザクション ……………… 237
トランスパイル ……………… 146

●ナ
日本語化 ……………… 078

●ハ
配信用圧縮 ……………… 143
バージョニング ……………… 149
バージョン ……………… 009, 017
バージョンアップ ……………… 017
パスパラメータ ……………… 085
バリデーション ……………… 235
バリデーションメッセージ ……………… 077
バリデーションルール ……………… 073
パンくずリスト ……………… 169
非同期処理 ……………… 194
ピボットモデル ……………… 061
ビュー ……………… 016
ファイル投稿 ……………… 236
フィーチャーテスト ……………… 254
フォームコンポーネント ……………… 238
複合主キー ……………… 063
複数人で開発 ……………… 037
プッシュ ……………… 276
ブラウザテスト ……………… 261
フラッシュセッションデータ ……………… 091
フレームワーク ……………… 012
フロントエンド ……………… 144
べき等 ……………… 085
ヘルスチェック ……………… 279

●マ
マイグレーション ……… 052, 054, 056
マイグレーションクラス ……………… 054
マジックメソッド ……………… 044
ミドルウェア ……… 115, 124, 137
向いているサイト ……………… 013
メソッドチェーン ……………… 050
メーラー ……………… 177
メール ……………… 174
メールアドレス ……………… 180
メールサーバー ……………… 295
メール送信 ……………… 211
メールのスタイル ……………… 191
文字コード ……………… 035
モック ……………… 252
モデル ……………… 016
モデルファクトリー ……………… 060

●ヤ
ユーザーID ……………… 126, 137
ユニットテスト ……………… 248

●ラ
リダイレクト ……………… 091
リポジトリ ……………… 274
リリースフェーズ ……………… 288
リレーショナルデータベース ……………… 237
ルーター ……………… 041
ルーティング ……………… 042, 114
例外 ……………… 120
レコード ……………… 060
ログアウトボタン ……………… 158
ログイン ……………… 124
ログイン機能 ……………… 110
ログインテスト ……………… 265
ログインボタン ……………… 156
ロードバランサー ……………… 288
ロールバック ……………… 237

著者プロフィール

CHAPTER1・2・3-03・4-04・5-03執筆
久保田 賢二朗（くぼた・けんじろお）

DTP、Webデザイナーを経て、PHPやGo言語を用いたサーバーサイドエンジニアとして株式会社
アイスタイルでチーフエンジニアを経験。
2019年11月にCTO荒井の誘いを受けて株式会社M&Aクラウドにジョイン。
Laravelによるサーバーサイド開発とNuxt.jsによるフロントエンド開発に従事。
また、コミュニティ活動としてPHPConferenceやPHPerKaigi等へのよく登壇しています。

Twitter @kubotak_public
GitHub kubotak-is

CHAPTER3-02・4-01～03執筆
荒井 和平（あらい・かずへい）

株式会社M&Aクラウド 執行役員CTO。大学時代からスタートアップでインターンし、求人サイト
やECサイトの開発を主導。その後、新卒で株式会社ドワンゴに入社し、イラスト・漫画の投稿サー
ビスのWEB開発とアプリ開発に従事。2017年に株式会社M&Aクラウドに入社。

Twitter @kazuhei__
GitHub kazuhei

CHAPTER3-01・5-01～02執筆
大橋 佑太（おおはし・ゆうた）

株式会社オウケイウェイヴでNuxt.js、Laravelを利用したプロダクト開発に従事。
PHPカンファレンスやPHPerKaigiなどへの登壇やLaravel JP Conference 2020実行委員長、
PHPerKaigiコアスタッフ、Laravel.shibuyaの共同運営などさまざまな形でコミュニティに参加し
ています。

Twitter @blue_goheimochi
GitHub blue-goheimochi

制作スタッフ

デザイン　　　赤松由香里（MdN Design）
DTP協力　　　江藤玲子

編集長　　　　後藤憲司
担当編集　　　後藤孝太郎

プロフェッショナル Web プログラミング
Laravel

2022年4月1日　初版第1刷発行

著者　　　　　久保田賢二朗、荒井和平、大橋佑太
発行人　　　　山口康夫
発行　　　　　株式会社エムディエヌコーポレーション
　　　　　　　〒101-0051　東京都千代田区神田神保町一丁目105番地
　　　　　　　https://books.MdN.co.jp/
発売　　　　　株式会社インプレス
　　　　　　　〒101-0051　東京都千代田区神田神保町一丁目105番地

印刷・製本　　中央精版印刷株式会社

Printed in Japan

©2022 Kenjiro Kubota, Kazuhei Arai, Yuta Ohashi. All rights reserved.

本書は、著作権法上の保護を受けています。著作権者および株式会社エムディエヌコーポレーションとの書面による事前の同意なしに、
本書の一部あるいは全部を無断で複写・複製、転記・転載することは禁止されています。

定価はカバーに表示してあります。

【カスタマーセンター】
造本には万全を期しておりますが、万一、落丁・乱丁などがございま
したら、送料小社負担にてお取り替えいたします。
お手数ですが、カスタマーセンターまでご返送ください。

落丁・乱丁本などのご返送先
〒101-0051　東京都千代田区神田神保町一丁目105番地
株式会社エムディエヌコーポレーション カスタマーセンター
TEL：03-4334-2915

書店・販売店のご注文受付
株式会社インプレス　受注センター
TEL：048-449-8040／FAX：048-449-8041

内容に関するお問い合わせ先
株式会社エムディエヌコーポレーション カスタマーセンター メール窓口
info@MdN.co.jp
本書の内容に関するご質問は、Eメールのみの受付となります。メール
の件名は「プロフェッショナルWebプログラミング Laravel　質問係」、
本文にはお使いのマシン環境（OS、バージョン、搭載メモリなど）をお
書き添えください。電話やFAX、郵便でのご質問にはお答えできませ
ん。ご質問の内容によりましては、しばらくお時間をいただく場合がご
ざいます。また、本書の範囲を超えるご質問に関しましてはお答えいた
しかねますので、あらかじめご了承ください。

ISBN978-4-295-20283-7　C3055